essentials

essentials liefern aktuelles Wissen in konzentrierter Form. Die Essenz dessen, worauf es als „State-of-the-Art" in der gegenwärtigen Fachdiskussion oder in der Praxis ankommt. *essentials* informieren schnell, unkompliziert und verständlich

- als Einführung in ein aktuelles Thema aus Ihrem Fachgebiet
- als Einstieg in ein für Sie noch unbekanntes Themenfeld
- als Einblick, um zum Thema mitreden zu können

Die Bücher in elektronischer und gedruckter Form bringen das Expertenwissen von Springer-Fachautoren kompakt zur Darstellung. Sie sind besonders für die Nutzung als eBook auf Tablet-PCs, eBook-Readern und Smartphones geeignet. *essentials:* Wissensbausteine aus den Wirtschafts-, Sozial- und Geisteswissenschaften, aus Technik und Naturwissenschaften sowie aus Medizin, Psychologie und Gesundheitsberufen. Von renommierten Autoren aller Springer-Verlagsmarken.

Weitere Bände in der Reihe http://www.springer.com/series/13088

Florian Hinderer

UV/Vis-Absorptions- und Fluoreszenz-Spektroskopie

Einführung in die spektroskopische Analyse mit UV- und sichtbarer Strahlung

Florian Hinderer
Heidelberg, Deutschland

ISSN 2197-6708   ISSN 2197-6716   (electronic)
essentials
ISBN 978-3-658-25440-7   ISBN 978-3-658-25441-4   (eBook)
https://doi.org/10.1007/978-3-658-25441-4

Die Deutsche Nationalbibliothek verzeichnet diese Publikation in der Deutschen Nationalbibliografie; detaillierte bibliografische Daten sind im Internet über http://dnb.d-nb.de abrufbar.

Springer Spektrum ist ein Imprint der eingetragenen Gesellschaft Springer Fachmedien Wiesbaden GmbH und ist ein Teil von Springer Nature.
Die Anschrift der Gesellschaft ist: Abraham-Lincoln-Str. 46, 65189 Wiesbaden, Germany

Was sie in diesem *essential* finden können

- Eine Einführung in die Theorie der Wechselwirkung von Molekülen mit Strahlung im ultravioletten und sichtbaren Bereich des elektromagnetischen Spektrums
- Die Erläuterung photophysikalischer Prozesse während elektronischer Übergänge
- Die wichtigsten Begrifflichkeiten zur Beschreibung von UV/Vis-Absorptions- und Fluoreszenzspektren
- Die Behandlung von Fallbeispielen anorganischer und organischer Verbindungen
- Die Ableitung von Zusammenhängen zwischen der chemischen Struktur und den photophysikalischen Eigenschaften von Molekülen

Vorwort

Die analytische Chemie ermöglicht nicht alleine den qualitativen sowie quantitativen Nachweis chemischer Substanzen und deren Zusammensetzung, sondern auch die Charakterisierung ihrer Eigenschaften. Die Analyse kann dabei sowohl an Einzelsubstanzen als auch an Stoffgemischen durchgeführt werden. In Abhängigkeit von der Komplexität der zu untersuchenden Probe müssen zur vollständigen Aufklärung oftmals verschiedene, sich ergänzende, analytische Methoden kombiniert werden. Welche Methoden dafür geeignet sind hängt dabei von einer Vielzahl an Faktoren ab. Zum Beispiel von der Molekülstruktur, welche Eigenschaften untersucht werden sollen, wieviel Substanzmenge vorhanden ist, in welchem Aggregatzustand die Probe vorliegt oder ob unter den gegebenen Messbedingungen eine ausreichende Stabilität vorliegt. Deshalb sollte man sich während des Studiums mit möglichst vielen Methoden theoretisch und praktisch vertraut machen. Da in vielen Fällen jedoch ein tieferes Verständnis chemischer und physikalischer Grundlagen notwendig ist, geht es nicht unbedingt immer darum auf jedem Gebiet ein Experte zu werden, sondern vielmehr um das Bewusstsein, wo die jeweiligen Stärken und Schwächen der einzelnen Methoden liegen, welche Informationen sie liefern und wann sie angewandt werden können.

Zur absoluten Strukturaufklärung von Molekülen werden routinemäßig die Kernspinresonanzspektroskopie (nuclear magnetic resonance, NMR), Massenspektrometrie (mass spectrometry, MS) und Kristallstrukturanalyse (X-ray crystallography) eingesetzt. Diese Analysemethoden werden in den weiteren Büchern der Reihe „Springer *essentials*" von Jürgen Gross („Massenspektrometrie – Spektroskopiekurs kompakt") und Thomas Oeser („Kristallstrukturanalyse – Spektroskopiekurs kompakt") behandelt. Bitte beachten Sie dazu auch die Hinweise auf der letzten Seite dieses Bandes.

Analysemethoden wie die Elektronenspinresonanz- (electron spin resonance, ESR), Infrarot- (infrared, IR), Rotations-, UV/Vis-Absorptions- sowie Fluoreszenzspektroskopie hingegen liefern vielmehr Hinweise über Kernabstände oder elektronische Strukturen und somit auf die Bindungsverhältnisse, wodurch sich einzelne funktionelle Gruppen innerhalb von Molekülen nachweisen lassen. Zudem geben sie Anhaltspunkte bezüglich molekularer Eigenschaften wie u. a. der elektrischen Leitfähigkeit oder des Magnetismus.

Zum Selbststudium der UV/Vis-Absorptions- sowie Fluoreszenzspektroskopie mithilfe des hier vorliegenden Buches der Reihe „Springer *essentials*" sind Vorkenntnisse in der Physikalischen Chemie, insbesondere der Quantenmechanik und Gruppentheorie, von Vorteil. Zudem sollten die prominentesten Stoffklassen aus der Anorganischen sowie Organischen Chemie bereits bekannt sein.

Genug der Worte! Nun wünsche ich Ihnen viel Spaß und Erfolg beim Einstieg in die interessante Theorie der UV/Vis-Absorptions- sowie Fluoreszenz-Spektroskopie.

Florian Hinderer

Inhaltsverzeichnis

Prinzip der UV/Vis-Absorptions- und Fluoreszenz-Spektroskopie 1

Moleküle besitzen diskrete Eigenzustände, welche durch die dazugehörigen Eigenfunktionen $\Psi_n(n=1, 2,\ldots)$ und Eigenwerte E_n definiert sind. Infolge der Wechselwirkung mit elektromagnetischer Strahlung im ultravioletten (UV, 220–380 nm) und sichtbaren Bereich (Vis, englisch: *visible,* 380–800 nm) können Elektronen aus einem besetzten in energetisch höher liegende unbesetzte Orbitale übergehen. Oftmals handelt es sich hierbei um Übergänge zwischen dem höchsten besetzten (*highest occupied molecular orbital,* HOMO) und niedrigsten unbesetzten Molekülorbital (*lowest unoccupied molecular orbital,* LUMO). Natürlich muss für die Energiedifferenz der beiden am Übergang beteiligten Orbitale die Resonanzbedingung $\Delta E = h\nu$ erfüllt sein, wobei h das Planck'sche Wirkungsquantum und ν die Frequenz des Photons sind (Abb. 1.1).

Farbige Moleküle absorbieren Licht im Bereich von 380–800 nm. Dabei hängt der absorbierte Wellenlängenbereich in erster Linie von der elektronischen Struktur, und somit von der energetischen Lage der Elektronenzustände ab. Folglich erzeugt der reflektierte Teil des eingestrahlten Lichtes den Farbeindruck im menschlichen Auge, weshalb wir auch die Komplementärfarbe des absorbierten Spektrums wahrnehmen. Daraus lässt sich schließen, dass farblose und schwarze Stoffe den kompletten sichtbaren Bereich vollständig reflektieren bzw. absorbieren und dass es ohne Licht keine Farben gibt. Tatsächlich sind nachts alle Katzen grau, weil das menschliche Auge dann nur noch zwischen hell und dunkel unterscheiden kann.

Das Strukturelement des Moleküls, das die delokalisierbaren Elektronen enthält, die durch Wechselwirkung mit Strahlung im UV/Vis-Bereich in energetisch höher liegende Elektronenzustände übergehen können, wird auch **Chromophor** (griechisch: Farbträger) genannt. Je weiter ausgedehnt das delokalisierte Elektronensystem des Moleküls ist, desto geringer ist in der Regel die benötigte

© Springer Fachmedien Wiesbaden GmbH, ein Teil von Springer Nature 2020
F. Hinderer, *UV/Vis-Absorptions- und Fluoreszenz-Spektroskopie,* essentials,
https://doi.org/10.1007/978-3-658-25441-4_1

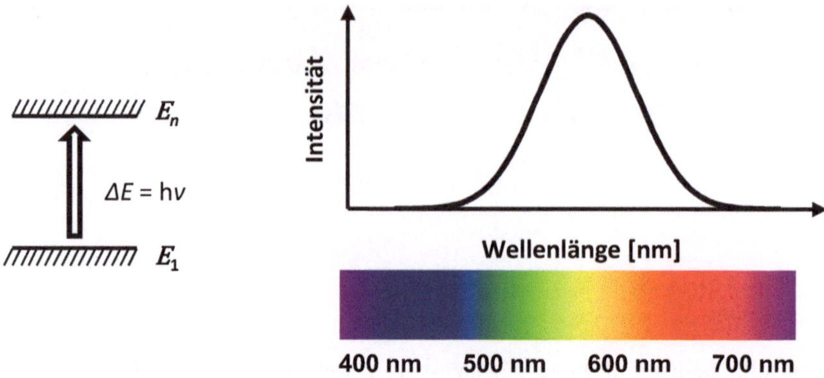

Abb. 1.1 Schematische Darstellungen eines Elektronenübergangs vom elektronischen Grund- in einen Anregungszustand (links) und eines Absorptionsspektrums (rechts)

Anregungsenergie. Dies liegt daran, dass sich die Energiedifferenz zwischen HOMO und LUMO mit steigender Anzahl an konjugierten Mehrfachbindungen verringert. Die Änderung der energetischen Lage der Orbitale bzw. Zustände kann ebenfalls durch mesomere und induktive Effekte von in Konjugation zum Chromophor stehenden Substituenten, sogenannte **auxochrome** (+M- und +I-Effekt; z. B. $-NR_2$, -OR, $-CH_3$) und **antiauxochrome Gruppen** (-M- und -I-Effekt; z. B. $-NO_2$, -COOH), hervorgerufen werden. So liegen zum Beispiel die Absorptionsmaxima von Benzol, Anilin und *p*-Nitroanilin bei 254 nm, 280 nm und 380 nm (Doub 1947, Hesse 2005). Die enorme bathochrome Verschiebung des Absorptionsmaximums des *p*-Nitroanilins lässt sich anhand seiner mesomeren Grenzstrukturen erklären (Kumler 1946). Durch die Verschiebung der Elektronendichte vom freien Elektronenpaar der $-NH_2$- zur $-NO_2$-Gruppe hin entsteht eine Ladungstrennung innerhalb des Moleküls, welche durch die Anregung von Elektronen noch zusätzlich verstärkt werden kann. Solche sogenannten intramolekularen *Charge-Transfer*-Übergänge (CT-Übergänge) besitzen meist hohe Absorptionskoeffizienten und zeigen aufgrund ihres hohen Dipolmoments einen ausgeprägten **solvatochromen Effekt** (Reichardt 2010).

Ein sich im angeregten Zustand befindliches Molekül kann durch die Abgabe von Energie wieder in seinen elektronischen Grundzustand zurückkehren. In Abhängigkeit der elektronischen Struktur des Moleküls und von äußeren Einflüssen, wie z. B. die Wechselwirkung mit anderen Molekülen oder dem Lösungsmittel, stehen hierfür verschiedene Wege der Relaxation zur Auswahl, die miteinander konkurrieren können. Häufig geschieht dies durch die Abgabe von Wärme an die Umgebung. Deshalb heizen sich schwarze Oberflächen in der Sonne auch besonders stark auf, weil sie den sichtbaren Bereich der Strahlung nahezu vollständig absorbieren, während helle Oberflächen ihn reflektieren. Kehren nun die dadurch angeregten Elektronen wieder in ihren Grundzustand zurück, wird Wärme freigesetzt. Es handelt sich also um einen strahlungslosen Prozess.

Vom Phänomen der **Fluoreszenz** spricht man dagegen, wenn der Übergang aus einem angeregten Singulett-Zustand $S_n(n = 1, 2, \ldots)$ eines Moleküls unter der spontanen Emission eines Photons in dessen Singulett-Grundzustand S_0 erfolgt. Sind bei den Übergängen auch Triplett-Zustände beteiligt, so kann es zu einer **Phosphoreszenz** oder **verzögerten Fluoreszenz** kommen. In allen drei Fällen handelt es sich um eine strahlende Desaktivierung.

Anwendungsgebiete 2

Anders als zum Beispiel die NMR-Spektroskopie sind die UV/Vis-Absorptions- und Fluoreszenz-Spektroskopie keine absoluten Methoden zur Strukturaufklärung. Jedoch lassen sich durch die Lage, Form, Intensität sowie Anzahl der Banden wichtige Moleküleigenschaften ableiten. Während elektronische Übergänge unmittelbar nach Absorption von Photonen geeigneter Wellenlänge stattfinden ($\sim 10^{-15}$ s) und die UV/Vis-Absorptionsspektroskopie folglich vorwiegend nur Informationen über sich im Grundzustand befindliche Moleküle liefert, kann der elektronisch angeregte Zustand verhältnismäßig langlebig ($\sim 10^{-9}$ s) sein. Damit ermöglichen sie die Untersuchung binnen der Fluoreszenzlebensdauer stattfindender dynamischer Prozesse oder Wechselwirkungen mit der Umgebung. Besonders zeitaufgelöste Messungen sind ein sehr wertvolles Instrument und können zum Beispiel helfen die Faltung von Proteinen oder Abläufe biologischer Prozesse aufzuklären. Nicht zuletzt die Verleihung des Chemie-Nobelpreises 2008 an Osamu Shimomura, Martin Chalfie und Roger Tsien für ihre Arbeiten bezüglich des „grün fluoreszierenden Proteins (GFP)" (Shimomura 2009; Chalfie 2009; Tsien 2009) und 2014 an Stefan Hell, Eric Betzig und William E. Moerner für die Entwicklung der „superauflösenden Fluoreszenz-Spektroskopie" unterstreichen ihren heutigen Stellenwert (Hell 2015; Betzig 2015; Moerner 2015).

In den Materialwissenschaften werden unter anderem Eigenschaften wie das Absorptionsvermögen von Solarzellen oder die Farbe Licht-emittierender Dioden (LED) überprüft. Ebenfalls erlauben die UV/Vis- und Fluoreszenz-Spektroskopie das Auslesen von Sicherheitscodes, wie sie z. B. auf Geldscheinen zu finden sind. Zudem gibt es viele chemische Sensoren, die auf der Wechselwirkung von Analyten mit UV/Vis-absorbierenden bzw. fluoreszierenden Substanzen und den daraus resultierenden spektralen Änderungen basieren. Dadurch ergeben sich zahlreiche Anwendungen im Umweltschutz und in der Lebensmittelindustrie. In

© Springer Fachmedien Wiesbaden GmbH, ein Teil von Springer Nature 2020   5
F. Hinderer, *UV/Vis-Absorptions- und Fluoreszenz-Spektroskopie,* essentials,
https://doi.org/10.1007/978-3-658-25441-4_2

der Forensik können außerdem mithilfe der Fluoreszenz-Spektroskopie sogar fast schon verschwundene Blutspuren noch sichtbar gemacht werden.

In vielen Fällen sind dabei insbesondere die hohe Sensitivität, einfache Probenpräparation und kurze Messzeiten Vorteile gegenüber anderen Methoden und machen die UV/Vis-Absorptions- und Fluoreszenzspektroskopie zu beliebten Werkzeugen vieler Naturwissenschaftler.

Konzept der UV/Vis-Absorptionsspektroskopie

3

Grundsätzlich können Absorptionsspektren sowohl von Feststoffen als auch in der Gasphase gemessen werden, jedoch bringt man die zu untersuchende Substanz in der Regel vorher in Lösung. Je nach Absorptionsvermögen der Substanz reichen dabei bereits relativ geringe Konzentrationen von 10^{-6} bis $10^{-9}\,\mathrm{mol\ L^{-1}}$. Bei der Wahl des Lösungsmittels sollte man neben der Löslichkeit auch darauf achten, dass es nicht selbst zu stark in dem zu messenden Bereich absorbiert. Außerdem können spezifische Wechselwirkungen (Wasserstoffbrücken, Aggregation, etc.) mit dem Analyten einen beachtlichen Einfluss auf das Spektrum haben (**Solvatochromismus**).

Solvatochromismus

Solvatochromismus beschreibt die Änderung der Lage, Form oder Intensität einer Absorptionsbande in Abhängigkeit vom Lösungsmittel. Maßgeblich hierfür sind Dipol-Dipol-, Ion-Dipol- und Van-der-Waals-Wechselwirkungen sowie Wasserstoffbrückenbindungen zwischen dem Chromophor und den Lösungsmittelmolekülen. Durch die Ladungsumverteilung infolge der Elektronenanregung unterscheiden sich der elektronische Grund- (S_0) und der angeregte Zustand (S_n) oftmals in ihrer Polarität, Polarisierbarkeit oder Fähigkeit Wasserstoffbrücken auszubilden. Dadurch werden beide in verschiedenem Maße durch das Lösungsmittel energetisch stabilisiert bzw. destabilisiert (Abb. 3.1). Die daraus resultierende Änderung der Energiedifferenz zwischen beiden Zuständen führt dann zu einer bathochromen oder hypsochromen Verschiebung der Absorptionsbande (**positiver** oder **negativer Solvatochromismus**) oder Änderung der Intensität.

Vorausgesetzt man kann die Streuung und Reflektion der einfallenden Strahlung an Molekülen in Lösung durch einen geeigneten experimentellen Messaufbau vernachlässigen, nimmt die ursprüngliche Intensität I_0 exponentiell mit der durchdrungenen Weglänge d ab (Abb. 3.2):

$$I_d = I_o \times e^{-\varepsilon(\lambda)cd}$$

© Springer Fachmedien Wiesbaden GmbH, ein Teil von Springer Nature 2020

F. Hinderer, *UV/Vis-Absorptions- und Fluoreszenz-Spektroskopie*, essentials,

https://doi.org/10.1007/978-3-658-25441-4_3

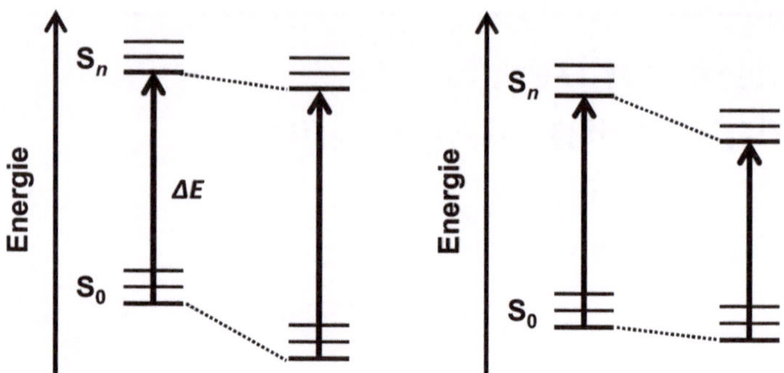

Abb. 3.1 Schematische Darstellung der energetischen Stabilisierung von elektronischen Zuständen durch das Lösungsmittel, auch negativer (links) und positiver (rechts) Solvatochromismus genannt

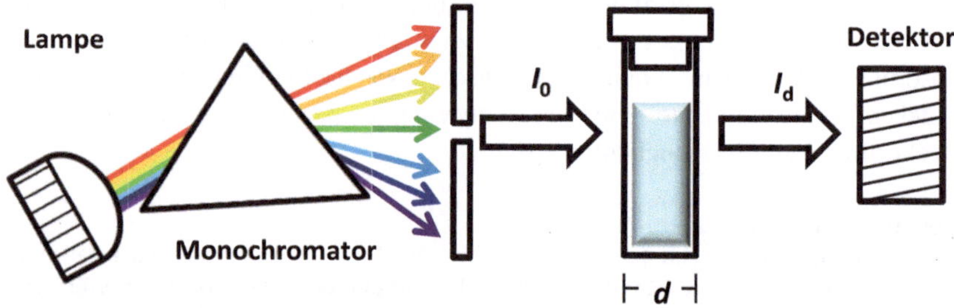

Abb. 3.2 Stark vereinfachter schematischer Aufbau eines UV/Vis-Spektrometers

Zusätzlich hängt die Absorption A noch von der Konzentration c der Probe sowie einem für die Substanz spezifischen Faktor ε ab und lässt sich durch das **Lambert-Beersche Gesetz** beschreiben. Dieser sogenannte **Absorptionskoeffizient** $\varepsilon(\lambda)$ ist ein Maß für die Stärke der Absorption eines Moleküls bei einer bestimmten Anregungswellenlänge und somit eine stoffspezifische Größe. Durch Umformen und logarithmieren erhält man dann folgende Formel:

$$\ln\left(\frac{I_d}{I_0}\right) = -\varepsilon(\lambda)cd$$

$$\ln\left(\frac{I_0}{I_d}\right) = \varepsilon(\lambda)cd$$

$$A = \varepsilon(\lambda)cd$$

Das entsprechende Absorptionsspektrum wird dann erhalten, indem man die Intensität I_d nach Durchtritt der Probe mit der Schichtdicke d in Abhängigkeit der Anregungswellenlänge und der Anfangsintensität I_0 detektiert.

3.1 Wichtige Begriffe

Die Beschreibung bzw. Auswertung von UV/Vis-Absorptionsspektren bedarf einiger Begrifflichkeiten, die wir nun kennenlernen werden. Im Allgemeinen wird die indirekt gemessene Absorptionsintensität gegen die Energie der eingesetzten elektromagnetischen Strahlung aufgetragen. Es sei erwähnt, dass gelegentlich auch die Transmission anstatt der Absorption auf der Ordinate (y-Achse) angegeben wird, was jedoch eher unüblich ist. Die Absorption kann man entweder normieren und relativ in Prozent [%] oder absolut mit dem **Absorptionskoeffizienten** $\varepsilon(\lambda)$ [L mol^{-1} cm^{-1}] angeben. Auf der Abszisse (x-Achse) wird meist die Wellenlänge der Strahlung in Nanometer [nm] aufgetragen, jedoch findet man dort auch häufig als Einheit das Elektronenvolt [eV] oder die Wellenzahl [cm^{-1}]. Die letzteren beiden haben den Vorteil, dass sie direkt proportional zur Energie der Strahlung sind.

Der Peak mit der höchsten Intensität ist das **absolute Absorptionsmaximum.** Daneben kann es noch weitere **lokale Absorptionsmaxima** geben, die durch die spektrale Überlagerung von simultan stattfindenden gekoppelten Schwingungs- und Rotationsübergängen entstehen. Aufgrund der **natürlichen Linienbreite** (Energieunschärfe) und der **Dopplerverbreiterung** handelt es sich dabei jedoch nicht um diskrete Signale, sondern um mehr oder weniger verbreiterte **Absorptionsbanden.** In der kondensierten Phase können außerdem noch zwischenmolekulare Wechselwirkungen (z. B. mit dem Lösungsmittel) zu einer zusätzlichen Verbreiterung der Banden (**Stoßverbreiterung**) führen. Lediglich ideale einatomige Gase können reine Linienspektren erzeugen. Liegen zwei oder mehrere Banden nahe beieinander und überlappen, so werden die weniger intensiven Banden auch **Schultern** genannt. Handelt es sich dabei um gekoppelte Schwingungsübergänge, so heißen sie **vibronische Banden.** Die Rotationsübergänge sind, wenn überhaupt, nur in der Gasphase ausreichend aufgelöst und daher meist von eher untergeordneter Bedeutsamkeit.

Liegt ein Peak gegenüber einem anderen bei einer niedrigeren Wellenlänge, also einer höheren Energie, so sagt man, dass er **hypsochrom** verschoben ist (ugs. „blauverschoben"). Liegt der Peak bei einer höheren Wellenlänge und somit niedrigeren Energie, dann ist er **bathochrom** verschoben (ugs. „rotverschoben"). Ist die Absorptionsintensität höher bzw. niedriger, spricht man von einer **hyperchromen** bzw. **hypochromen** Verschiebung.

Terminologie

- UV/Vis steht für den ultravioletten (220–380 nm) und sichtbaren Bereich (380–800 nm) der elektromagnetischen Strahlung
- Ein Absorptionsspektrum spiegelt die Fähigkeit von Substanzen wider, elektromagnetische Strahlung bestimmter Energie bzw. Wellenlänge absorbieren zu können
- Die Absorptions-Intensität wird auf der Ordinate (y-Achse) relativ in Prozent [%] oder absolut durch den Absorptionskoeffizienten ε [L mol^{-1}cm^{-1}] angegeben
- Die Energie der Anregungsquelle wird in Wellenlängen [nm], Frequenz [s^{-1}], Elektronenvolt [eV] oder Wellenzahlen [cm^{-1}] auf der Abszisse (x-Achse) aufgetragen
- Der intensivste Peak wird absolutes Absorptionsmaximum genannt

Auswahlregeln 4

4.1 Allgemeine Betrachtung

Infolge der Dipol-Wechselwirkung zwischen einem externen elektromagnetischen Strahlungsfeld und einem Molekül können Übergange zwischen zwei stationären Zuständen, z. B. dem Grundzustand (Ψ_g) und einem angeregten Zustand (Ψ_a), erfolgen. Ψ_g und Ψ_a sind jeweils Einelektronen-Zustandsfunktionen, die durch den Aufenthaltsort des Elektrons und der Orientierung dessen Spins definiert sind. Quantenmechanisch lassen sich die Absorption und Emission von elektromagnetischer Strahlung mittels der zeitabhängigen Störungstheorie beschreiben (Reinhold 2006). Der Störoperator ist dabei der elektrische Dipoloperator $\vec{\mu}_{el} = e\,\vec{r}$ (e = Elementarladung, $\vec{r}$ = Ortsvektor), dessen Erwartungswert $\vec{\mu}_{a,g}$ auch **Übergangsdipolmoment** genannt wird. Letzteres beschreibt die Änderung des Dipolmoments, oder anders ausgedrückt die Umverteilung der Elektronendichte innerhalb eines Moleküls während des elektronischen Übergangs (Atkins 2006).

$$\vec{\mu}_{a,g} = \left\langle \Psi_a^* | \vec{\mu}_{el} | \Psi_g \right\rangle = e \int \Psi_a^* \vec{r} \Psi_g \, d\tau \quad \text{(τ umfasst die Orts- und Spin-Koordinaten)}$$

Das Betragsquadrat des Übergangsdipolmoments ist zudem proportional zur Wahrscheinlichkeit und somit auch der Intensität $I_{a,g}$ eines spektralen Übergangs zwischen zwei Zuständen Ψ_a und Ψ_g.

$$I_{a,g} \propto \left| \vec{\mu}_{a,g} \right|^2 = \left| \left\langle \Psi_a^* | \vec{\mu}_{el} | \Psi_g \right\rangle \right|^2$$

Hieraus lässt sich schließen, dass ein Dipolübergang zwischen zwei Zuständen nur dann erlaubt und somit beobachtbar ist, wenn das elektronische

© Springer Fachmedien Wiesbaden GmbH, ein Teil von Springer Nature 2020
F. Hinderer, *UV/Vis-Absorptions- und Fluoreszenz-Spektroskopie*, essentials,
https://doi.org/10.1007/978-3-658-25441-4_4

Übergangsdipolmoment größer als null ist und daher nicht verschwindet. Die Auswahlregeln ergeben sich folgerichtig durch das Einsetzen der entsprechenden Zustandsfunktionen Ψ_a und Ψ_g, sowie der anschließenden Berechnung der mathematischen Bedingungen, unter denen das Matrixelement des Operators nicht verschwindet.

$$\vec{\mu}_{a,g} = \left\langle \Psi_a^* | \vec{\mu}_{el} | \Psi_g \right\rangle \neq 0$$

Da der Ortsvektor $\vec{r}$ sich in jeweils eine x-, y- und z-Komponente zerlegen lässt, gibt es *ergo* auch drei Übergangsdipolmomente. Durch die Berechnung von $\vec{\mu}_x$, $\vec{\mu}_y$ und $\vec{\mu}_z$ lassen sich nun nicht nur Aussagen darüber treffen, ob ein Übergang überhaupt dipolerlaubt ist, sondern auch, in welche Richtung die einfallende Strahlung polarisiert sein muss, damit er sich ereignen kann. Sind alle drei Übergangsdipolmomente gleich null, so ist der Übergang zwischen den beiden Zuständen verboten. Sobald jedoch eines von ihnen ungleich null ist, kann er erlaubt sein. Je höher der Wert von $\left| \vec{\mu}_{a,g} \right|$ ist, desto höher wird auch seine Intensität sein.

Die exakte Berechnung der Integrale ist allerdings in der Regel sehr aufwendig oder sogar unmöglich. Deshalb können bei der Bestimmung von Auswahlregeln, oder der qualitativen Beantwortung der Frage, ob ein Übergang erlaubt, beziehungsweise verboten ist, oftmals bereits einfache gruppentheoretische Symmetriebetrachtungen zur Hilfe gezogen werden (Haken und Wolf 2006).

4.2   Symmetrieauswahlregeln

Allgemein gilt, dass das Matrixelement $\vec{\mu}_{a,g}$ des elektrischen Dipoloperators nicht verschwindet, wenn sich der Integrand invariant gegenüber allen Symmetrieoperationen der Punktgruppe verhält, sprich nach der totalsymmetrischen Darstellung transformiert. Ein anschauliches Beispiel stellt hier die Spiegelung an einer Ebene dar. Wechselt der Integrand dabei sein Vorzeichen, so heben sich die positiven und negativen Bereiche gegenseitig auf und das Integral verschwindet.

Die Symmetrie des Integranden ergibt sich aus dem direkten Produkt der beiden Zustandsfunktionen Ψ_a und Ψ_g sowie dem Ortsvektor $\vec{r}$ des Dipoloperators. Man zerlegt nun die sich daraus ergebende reduzible in ihre irreduziblen Darstellungen und überprüft, ob einer der Summanden der totalsymmetrischen Darstellung der Gruppe entspricht. Praktisch gesehen muss das direkte Produkt aus Ψ_a und Ψ_g also die irreduzible Darstellung enthalten, nach der mindestens eine der Komponenten (x, y oder z) des Ortsvektors $\vec{r}$

transformiert. Ist dies der Fall, so wird das Integral ungleich von null und der spektrale Übergang bezüglich der Symmetrieauswahlregel erlaubt sein. Andernfalls ist das Integral null und der Übergang folglich symmetrieverboten.

Anwendung der Auswahlregeln für elektronische Dipol-Übergänge am Beispiel Aceton

Um zu entscheiden, ob für Aceton π-π^* bzw. n- π^* Elektronenübergänge dipolerlaubt oder verboten sind, müssen wir die Symmetrie des Moleküls und der daran beteiligten Orbitale betrachten. Aceton lässt sich der Punktgruppe C_{2v} zuordnen (Tab. 4.1).

Zuerst widmen wir uns den Grenzorbitalen und Bindungsverhältnissen des Acetons (**Abb. 4.1**). Der Carbonyl-Kohlenstoff ist sp^2-hybridisiert und bildet mit seinen drei Hybrid-Orbitalen jeweils eine σ-Bindung mit den zwei anderen Kohlenstoff- und dem Sauerstoffatom. Die π-Bindung kommt durch die Linearkombination der beiden p_y-Orbitale des Kohlenstoff- und Sauerstoffatoms zustande. Das Sauerstoffatom seinerseits ist ebenfalls sp^2-hybridisiert und die zwei übrig gebliebenen Hybrid-Orbitale formen die nicht-bindenden

Tab. 4.1   Charaktertafel der Symmetriepunktgruppe C_{2v}

C_{2v}	E	C_2 (y)	σ_v (x,z)	σ_v (y,z)	Linear	Quadratisch
A_1	1	1	1	1	z	x^2, y^2, z^2
A_2	1	1	-1	-1	R_z	xy
B_1	1	-1	1	-1	x, R_y	xz
B_2	1	-1	-1	1	y, R_x	yz

Abb. 4.1   Schematische Darstellung der Grenzorbitale von Aceton

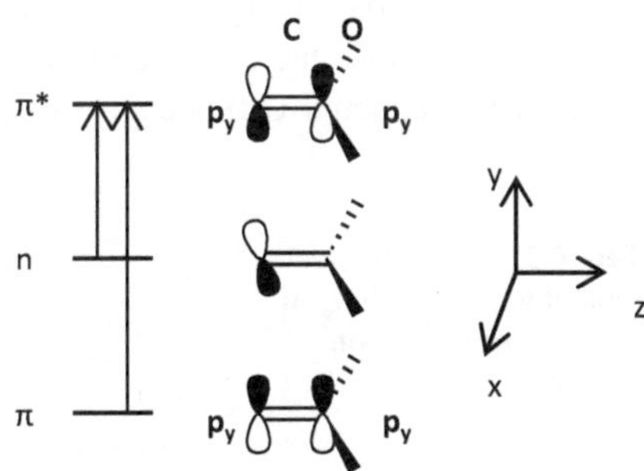

n-Orbitale, auch freie Elektronenpaare genannt. Im weiteren Verlauf werden wir diese freien Elektronenpaare jedoch von der Symmetrie her wie p_x- und p_z-Orbitale behandeln.

Im nächsten Schritt bestimmen wir mithilfe der Charaktertafel der Punktgruppe C_{2v} (Tab. 4.1) die Charaktere der reduziblen Darstellungen $\chi(\pi)$, $\chi(\pi^*)$ und $\chi(n)$ der π-, π^*- und n-Orbitale (Tab. 4.2). Dazu führen wir die Symmetrieoperationen R an den Orbitalen durch und beobachten, ob sich deren Vorzeichen ändern. Jedes Orbital, das nach der Durchführung der Symmetrieoperation sein Vorzeichen behält, wird mit $+1$ gezählt. Im umgekehrten Fall wird für jedes Orbital, das sein Vorzeichen dabei ändert, ein Beitrag von -1 vermerkt.

Nun müssen wir mit folgender Formel die eben ermittelten reduziblen in die irreduziblen Darstellungen zerlegen. Man spricht auch oft vom Ausreduzieren einer reduziblen Darstellung.

$$n_\Gamma = \frac{1}{h} \sum_R \chi_\Gamma(R)\chi_{\text{red}}(R)$$

Hierbei entspricht n_Γ der Häufigkeit, mit der eine irreduzible Darstellung Γ in einer reduziblen Darstellung vorkommt, und $\chi_\Gamma(R)$ sowie $\chi_{\text{red}}(R)$ stehen für die Charaktere der jeweiligen Symmetrieoperation R in der reduziblen bzw. irreduziblen Darstellung. Während wir $\chi_\Gamma(R)$ durch das Ausführen der Symmetrieoperationen R an den Orbitalen erhalten haben, können wir $\chi_{\text{red}}(R)$ direkt der Charaktertafel der entsprechenden Punktgruppe entnehmen. Die Ordnung h der Gruppe ergibt sich aus der Summe der Symmetrieoperationen, die im Fall der C_{2v} Gruppe $h=4$ ist. Die reduzible Darstellung der π- und π^*-Orbitale mit den Charakteren 2, -2, -2 und 2 enthält demnach also zweimal die irreduzible Darstellung B_2 (Tab. 4.3). Das bedeutet, dass sowohl das π- als auch das π^*-Orbital eine B_2-Symmetrie besitzen. Mit einer analogen Vorgehensweise hierzu lassen sich eine A_1- und B_1-Symmetrie für die beiden nicht-bindenden n-Orbitale am Sauerstoffatom ermitteln.

Tab. 4.2 Charaktere der reduziblen Darstellungen der Grenzorbitale von Aceton

C_{2v}	E	C_2 (z)	σ_v (x,z)	σ_v (y,z)	
$\chi(\pi)$	2	-2	-2	2	$2 \times B_2$
$\chi(\pi^*)$	2	-2	-2	2	$2 \times B_2$
$\chi(n, p_x)$	1	-1	1	-1	B_1
$\chi(n, p_z)$	1	1	1	1	A_1

Tab. 4.3 Ausreduzierung der reduziblen in die irreduziblen Darstellungen für die π- und π *-Orbitale

	$1 \times E$	$1 \times C_2\,(y)$	$1 \times \sigma_v\,(x,z)$	$1 \times \sigma_v\,(y,z)$	$n_\Gamma =$
A_1	$2 \times 1 \times 1 = 2$	$(-2) \times 1 \times 1 = (-2)$	$(-2) \times 1 \times 1 = (-2)$	$2 \times 1 \times 1 = 2$	0
A_2	$2 \times 1 \times 1 = 2$	$(-2) \times 1 \times 1 = (-2)$	$(-2) \times 1 \text{ x } (-1) = 2$	$2 \times 1 \text{ x } (-1) = (-2)$	0
B_1	$2 \times 1 \times 1 = 2$	$(-2) \times 1 \text{ x } (-1) = 2$	$(-2) \times 1 \times 1 = (-2)$	$2 \times 1 \text{ x } (-1) = (-2)$	0
B_2	$2 \times 1 \times 1 = 2$	$(-2) \times 1 \text{ x } (-1) = 2$	$(-2) \times 1 \text{ x } (-1) = 2$	$2 \times 1 \times 1 = 2$	2

Zum Schluss überprüfen wir gemäß der Auswahlregeln, ob das Übergangsdipolmoment $\vec{\mu}_{a,g}$ ungleich null ist, indem wir das direkte Produkt aus Ψ_g, Ψ_a und dem jeweiligen Ortsvektor $\vec{r}$ des Dipoloperators bilden (Tab. 4.4). Ergibt nicht mindestens eines der drei direkten Produkte die totalsymmetrische Darstellung A_1, oder enthält diese, so verschwindet das gesamte Integral und der elektronische Dipol-Übergang ist somit symmetrieverboten.

Aus den gruppentheoretischen Überlegungen folgt nun also, dass der elektronische Grundzustand von Aceton eine $^1A_1$ Symmetrie hat und beide möglichen elektronischen $n \rightarrow \pi^*$ Dipol-Übergänge symmetrieverboten sind. In diesem Beispiel wurde zwar lediglich die Berechnung für das n-Orbital mit B_1-Symmetrie und daher der $^1A_1 \rightarrow {}^1A_2$ Übergang dargestellt, im Falle des n-Orbitals mit A_1-Symmetrie ergibt sich jedoch letztendlich das gleiche Resultat für den $^1A_1 \rightarrow {}^1B_2$ Übergang. Dahingegen ist der $\pi \rightarrow \pi^*$ Übergang ($^1A_1 \rightarrow {}^1A_1$) allerdings symmetrieerlaubt und entlang der C-O Bindung, also in z-Richtung polarisiert, da nur hier das direkte Produkt die totalsymmetrische Darstellung A_1 ergibt bzw. diese enthält und somit das Übergangsdipolmoment $\vec{\mu}_{a,g}$ verschieden von null ist. Betrachtet man ausschließlich die Symmetrie der beteiligten Orbitale, wäre eine Anregung von Elektronen in den Triplettzustand $^3A_1$ ebenfalls erlaubt. Diese wird jedoch aufgrund der durch

Tab. 4.4 Bildung des direkten Produkts aus Ψ_g und Ψ_a sowie dem jeweiligen Ortsvektor $\vec{r}$ des Dipoloperators

	$\vec{\mu}_{a,g} = \langle \Psi_a^* | \vec{\mu}_{x,y,z} | \Psi_g \rangle$		$\vec{\mu}_{a,g} = \langle \Psi_a^* | \vec{\mu}_{x,y,z} | \Psi_g \rangle$	
	$n \rightarrow \pi^*$		$\pi \rightarrow \pi^*$	
$\vec{\mu}_x$	$B_1 \times B_1 \times B_2 = B_2$	Verboten	$B_2 \times B_1 \times B_2 = B_1$	Verboten
$\vec{\mu}_y$	$B_1 \times B_2 \times B_2 = B_1$	Verboten	$B_2 \times B_2 \times B_2 = B_2$	Verboten
$\vec{\mu}_z$	$B_1 \times A_1 \times B_2 = A_2$	Verboten	$B_2 \times A_1 \times B_2 = A_1$	Erlaubt

die hierfür notwendige Spinumkehrung bedingten, nahezu verschwindend geringen Übergangswahrscheinlichkeit nicht beobachtet.

In der Tat zeigt das UV/Vis-Absorptionsspektrum von Aceton eine intensive Bande bei 190 nm $\left(\varepsilon \approx 1000 \, \mathrm{Lmol^{-1}cm^{-1}}\right)$ und eine schwache Bande bei 270 nm $\left(\varepsilon \approx 15 \, \mathrm{Lmol^{-1}cm^{-1}}\right)$, die jeweils den entsprechenden $\pi \to \pi^*$ und $n \to \pi^*$ Übergängen zugeordnet werden können (McMurry 1941, Bayliss 1954) (Abb. 4.2). Die Tatsache, dass man die eigentlich verbotene Bande trotzdem mit einer geringen Intensität beobachten kann hängt damit zusammen, dass Molekülschwingungen die Geometrie kurzzeitig erniedrigen und somit verzerren. Doch auf diesen Effekt werden wir im weiteren Verlauf noch genauer eingehen. ◄

Eine besondere Stellung nehmen hierbei zentrosymmetrische Moleküle ein, deren Orbitale sich symmetrisch oder antisymmetrisch gegenüber der Inversion verhalten können. Behalten die Orbitallappen nach einer Punktspiegelung ihre Vorzeichen, so spricht man von einer positiven bzw. geraden Parität. Mathematisch betrachtet handelt es sich dabei um eine gerade Wellenfunktion, für die $\Psi(\mathbf{r}) = \Psi(-\mathbf{r})$ gilt. Im umgekehrten Fall, also bei einem Wechsel der Vorzeichen, besitzt das Orbital eine negative bzw. ungerade Parität. Dies trifft für ungerade Wellenfunktionen zu, bei denen $\Psi(\mathbf{r}) = -\Psi(-\mathbf{r})$ ist. Doch was bedeutet das nun für die Auswahregeln von elektrischen Dipol-Übergängen?

Der Ortsvektor $\vec{r}$ des Dipoloperators $\vec{\mu}_{el}$ transformiert nach x, y und z und stellt somit immer eine ungerade Funktion mit negativer Parität dar. Damit nun also das Produkt aus Ψ_a, Ψ_g und $\vec{\mu}_{el}$, sprich der Integrand, eine gerade Funktion wird, müssen die beiden Zustandsfunktionen unterschiedliche Paritäten besitzen. Ist dies nicht der Fall, dann wäre der Integrand eben nicht mehr invariant gegenüber allen Symmetrieoperationen des Moleküls und würde verschwinden.

Abb. 4.2 Schematische Darstellung der Energieniveaus der Grenzorbitale von Aceton

	$^1A_1$	$^1A_2$	$^1A_1$
$\pi^*\,(B_2)$	—	↑	↑
$n\,(B_1)$	↑↓	↓	↑↓
$\pi\,(B_1)$	↑↓	↑↓	↓

$$B_1 \times B_1 = A_1 \qquad B_1 \times B_2 = A_2 \qquad B_2 \times B_2 = A_1$$

Deshalb besagt das sogenannte **Laporte-Verbot,** dass Übergänge zwischen Orbitalen mit gleicher Parität verboten sind (Gade 1998). Wenn man nun die Symmetrie der verschiedenen Orbitale betrachtet, stellt man fest, dass die s- und d-Orbitale jeweils eine gerade Parität besitzen, und die p- und f-Oribtale eine ungerade. Deshalb sind streng genommen zum Beispiel Übergänge zwischen zwei s-Orbitalen oder d-Orbitalen verboten, jedoch Übergänge von s- in p- oder p- in d-Orbitale erlaubt.

Man sollte sich jedoch stets im Klaren darüber sein, dass alle eben beschriebenen Auswahlregeln für elektronische Dipol-Übergänge ausschließlich für hochsymmetrische Molekülgeometrien gelten und in der Praxis durch Abweichungen von diesen Idealzuständen die Verbote gelockert werden können. So ermöglichen zum Beispiel durch asymmetrische Molekülschwingungen hervorgerufene Geometrieverzerrungen in zentrosymmetrischen Übergangsmetallkomplexen das teilweise Mischen, sprich die Hybridisierung von p- und d-Orbitalen, wodurch die Übergänge zwischen den d-Orbitalen mit gleicher Parität möglich werden. Da es sich hierbei jedoch gemäß dem Laporte-Verbot um formal nicht erlaubte Übergänge handelt, besitzen die dazugehörigen Banden in den Spektren lediglich geringe Intensitäten bzw. Absorptionskoeffizienten.

4.3 Interkombinationsverbot

Wie bereits erwähnt setzt sich die elektronische Wellenfunktion aus einem Bahnanteil Ψ_{el} und einem Spinanteil σ zusammen.

$$\vec{\mu}_{a,g} = \left\langle \Psi_a^* \sigma_a^* | \vec{\mu}_{el} | \Psi_g \sigma_g \right\rangle = \int \Psi_a^*(r) \sigma_a^*(s) \vec{\mu}_{el} \Psi_g(r) \sigma_g(s) \mathrm{drds}$$

Nimmt man nun an, dass die Spin-Bahn-Kopplung vernachlässigbar klein ist und der Dipol-Operator nicht auf die Spin-Koordinaten wirkt, so können beide Terme getrennt betrachtet werden.

$$\vec{\mu}_{a,g} = \int \Psi_a^* \vec{\mu}_{el} \Psi_g \mathrm{dr} \int \sigma_a^* \sigma_g \mathrm{ds}$$

Da Spinwellenfunktionen mit verschiedenen Spins orthogonal zueinander sind und somit ihr Überlappungsintegral null ist, verschwindet das Matrixelement hierfür und der zugehörige Übergang ist dementsprechend spinverboten. Das Interkombinationsverbot besagt also, dass lediglich elektrische Dipol-Übergänge zwischen Zuständen gleichen Spins erlaubt sind und somit der Gesamtspin bzw. die Multiplizität erhalten bleiben muss ($\Delta S = 0$ bzw. $\Delta M = 0$). Dies ist zum Beispiel für Singulett-Singulett und Triplett-Triplett Übergänge der Fall, wohingegen

Übergänge zwischen Singulett- und Triplett-Zuständen verboten sind. Jedoch kann diese Regel durch die Spin-Bahn-Kopplung mit Atomen hoher Kernladung (Schweratom-Effekt) gelockert werden, da hier eine teilweise Mischung von Singulett- und Triplett-Zuständen stattfinden kann. In den entsprechenden Spektren sind dann sogenannte Interkombinationsbanden sichtbar. Man findet sie zum Beispiel bei Übergangsmetallkomplexen der 4d- und 5d-Metalle. Eine Ausnahme des Interkombinationsverbots kann ebenfalls für paramagnetische Verbindungen beobachtet werden.

4.4   Anmerkungen

Abschließend zu diesem Abschnitt sei noch vermerkt, dass alle eben genannten Auswahlregeln sich in erster Linie nur auf Ein-Photonen-Prozesse und elektronische Dipol-Übergänge beziehen. Für Zwei-Photonen-Prozesse, Quadrupol- oder magnetische Dipol-Übergänge gelten jedoch wiederum andere physikalische Gesetzmäßigkeiten und somit auch Auswahlregeln. Darüber hinaus können selbst eigentlich symmetrie- und spinerlaubte Übergange nicht beobachtbar sein, wenn der geometrische Überlapp der beteiligten Molekülorbitale nicht ausreichend ist. Zum Beispiel kann das für Übergänge zwischen π^*- und nicht-bindenden Orbitalen oder bei intermolekularen Charge-Transfer-Übergängen der Fall sein.

Auswahlregeln

Symmetrie-Regel	$\vec{\mu}_{a,g} = \langle \Psi_a^* \vert \vec{\mu}_{el} \vert \Psi_g \rangle \neq 0$	Das Matrixelement $\vec{\mu}_{a,g}$ des elektrischen Dipoloperators darf nicht verschwinden
Laporte-Regel	$g \rightarrow u,\, u \rightarrow g$	Optische Übergänge zwischen Orbitalen mit gleicher Parität sind verboten
Interkombinations-Verbot	$\Delta S = 0$ bzw. $\Delta M = 0$	Der Gesamtspin bzw. die Multiplizität müssen erhalten bleiben

In diesem Kapitel beschränken wir uns ausschließlich auf die Photophysik der Übergangsmetallkomplexe. Durch repulsive Wechselwirkungen mit den Liganden werden die ursprünglich energetisch entarteten d-Orbitale des Zentralatoms aufgespalten. Zwischen diesen Zuständen können nun optische Übergänge stattfinden, die aufgrund ihres Energieunterschiedes im UV- und sichtbaren Bereich des Spektrums liegen. Die resultierenden Spektren können dabei Aufschluss über die Geometrien, Oxidationsstufen und Elektronenanordnungen (z. B. high- oder low-Spin) sowie Liganden der Metall-Komplexe geben.

Für zentrosymmetrische Moleküle, wie z. B. quadratisch planare oder oktaedrische Komplexe, sind Elektronenübergänge zwischen den d-Orbitalen symmetrieverboten, da sie gleiche Parität besitzen. Durch asymmetrische Molekülschwingungen hervorgerufene Geometrieverzerrungen können, wie bereits erwähnt, die Symmetrie erniedrigen, was zur Folge hat, dass man für die d-d-Übergänge im Absorptionsspektrum dennoch Banden mit geringer Intensität beobachtet (Housecroft 2006). Da tetraedrische Komplexe kein Inversionszentrum besitzen, sind die Übergänge zwischen den d-Orbitalen nicht durch das Laporte-Verbot eingeschränkt und besitzen deshalb für gewöhnlich höhere Absorptionskoeffizienten und folglich eine stärkere Färbung. Komplexe mit d^0- (z. B. Sc^{3+}, Ti^{4+}) oder d^{10}-Konfiguration (z. B. Ag^+, Zn^{2+} und Cd^{2+}) sind aufgrund ihrer abgeschlossenen Schalen in der Regel farblos. Das liegt daran, dass alle d-Orbitale leer oder doppelt besetzt sind und daher keine Übergänge zwischen ihnen stattfinden können. Die Verbindungen von anderen Kationen mit Edelgaskonfiguration wie z. B. Na^+, Mg^{2+}, Al^{3+} sind demnach natürlich auch

© Springer Fachmedien Wiesbaden GmbH, ein Teil von Springer Nature 2020
F. Hinderer, *UV/Vis-Absorptions- und Fluoreszenz-Spektroskopie,* essentials,
https://doi.org/10.1007/978-3-658-25441-4_5

farblos. Allerdings können die eben genannten Metallkationen CT-Komplexe mit anderen Metallen oder Liganden bilden und dadurch gegebenenfalls dennoch gefärbt sein.

Farbe von Ti^{3+}-Kationen in wässriger Lösung
Welche Farbe hat eine wässrige Lösung von $[Ti(H_2O)_6]^{3+}$, wenn die Ligandenfeldaufspaltung der d-Orbitale 242 kJ/mol beträgt und wie intensiv ist die Färbung?

Antwort: Die Ligandenfeldaufspaltung von 242 kJ/mol entspricht einem Absorptionsmaximum bei einer Wellenlänge von 495 nm. Deshalb erscheint eine wässrige Lösung von Ti^{3+}-Kationen rot-violett. Da in oktaedrischen Komplexen mit d^1-Elektronenkonfiguration Übergange vom e_g- in das t_{2g}-Orbital zwar spin-, jedoch aufgrund ihrer gleichen Parität symmetrieverboten (Laporte-Verbot) sind, wird der Absorptionskoeffizient relativ klein und die Lösung folglich nur schwach gefärbt sein.

Bei eben diesen CT-Übergängen findet während der elektronischen Anregung ein Ladungstransfer zwischen den Orbitalen des Zentralatoms und den Liganden statt, der zu einem ladungsseparierten Zustand führt. Man könnte dies in gewisser Weise auch als eine Art photochemischen Redox-Prozess betrachten (Kaim 1987). Ob und in welchem Ausmaß CT-Übergänge erfolgen, hängt von der Energie, der Geometrie und der ausreichenden Überlappung der beteiligten Orbitale der Liganden und Metallzentren ab. Eine maßgebliche Rolle spielen dabei vor allem das Ionisationspotential des Elektronen-Donors, also die energetische Lage seines HOMO-Niveaus, sowie die Elektronenaffinität des Akzeptors, welche von dessen LUMO-Niveau abhängt. Da CT-Übergänge quantenmechanisch erlaubt sind, besitzen sie meist hohe Absorptionskoeffizienten und verleihen so Molekülen eine intensive Farbe. Formal handelt es sich dabei um die räumliche Verschiebung von Ladungen über in atomaren Dimensionen gesehen relativ weite Abstände $\vec{r}$. Die daraus resultierende Vergrößerung des Übergangdipolmoments $\vec{\mu}_{el}$ führt letztendlich nicht nur zu einer zusätzlichen Erhöhung des Absorptionskoeffizienten, sondern erklärt auch das ausgeprägte solvatochrome Verhalten von CT-Banden. Ihre spektralen Lagen und Intensitäten hängen nämlich für gewöhnlich erheblich von der Polarität des Lösungsmittels sowie anderen äußeren Einflüssen ab.

5.1 *Metal-to-Ligand-CT*-Übergänge (MLCT)

Bei den *metal-to-ligand-CT*-Übergängen (MLCT) können Elektronen aus den besetzten d-Orbitalen des Metalls in leere π^*-Orbitale der Liganden wandern. MLCT-Übergänge sind häufig bei Komplexen mit Metallzentren in niedrigen Oxidationsstufen, also mit energetisch hoch liegenden besetzten d-Orbitalen, und Liganden mit energetisch niedrig liegenden leeren π^*-Orbitalen (z. B. CO, CN^-, NO oder 2,2′-Bipyridn) zu beobachten. Zum Beispiel rührt die tiefrote Färbung einer wässrigen Lösung des Eisen(II)-Komplexes $[Fe(2,2′\text{-Bipyridin})_3]^{2+}$ vom Übergang eines der d-Elektronen vom Zentralatom in ein leeres π^*-Orbitale eines der Bipyridin-Liganden her.

UV/Vis-Absorptionsspektrum von $[Ru(2,2′\text{-bipyridin})_3]Cl_2$

Das UV–Vis-Absorptionsspektrum des oktaedrischen Ruthenium(II)-Komplexes weist in wässriger Lösung drei Banden unterschiedlicher Intensität auf (Kalyanasundaram 1982). Die intensiv orange Färbung lässt sich anhand der starken Absorptionsbande bei 450 nm erklären, die durch einen MLCT-Übergang von einem besetzten d-Orbital des Zentralatoms in ein leeres π^*-Orbital eines Liganden hervorgerufen wird (Abb. 5.1). Die Bande bei 350 nm besitzt nur eine schwache Intensität, da es sich hierbei um den sowohl Spin- als auch symmetrieverbotenen Elektronenübergang zwischen

Abb. 5.1 Schematische Darstellung der elektronischen Übergänge des oktaedrischen Komplexes $[Ru(2,2′\text{-Bipyridin})_3]Cl_2$

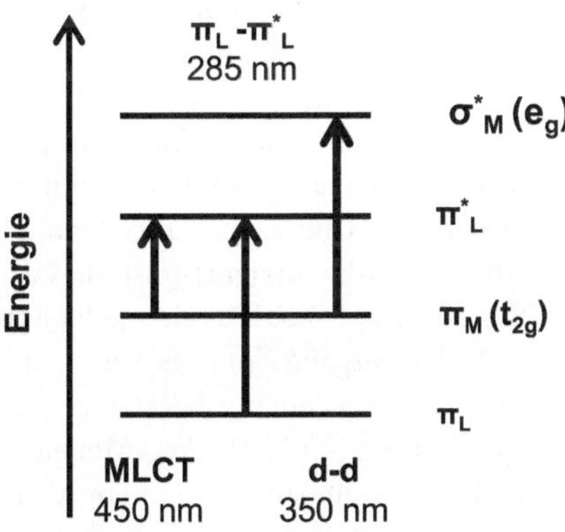

den d-Orbitalen des Zentralatoms handelt. Die kurzwelligste Bande bei 285 nm entsteht letztendlich durch π-π^*-Übergänge innerhalb der Bipyridin-Liganden selbst. ◄

5.2 *Ligand-to-Metal-CT*-Übergänge (LMCT)

Im umgekehrten Fall (*ligand-to-metal-CT*, LMCT) werden Elektronen aus den besetzten nicht-bindenden oder π-Orbitalen der Liganden in unbesetzte bzw. nicht voll besetzte s- und d-Orbitale der Metallzentren übertragen. Charakteristisch hierfür sind Liganden mit energetisch hoch liegenden freien Elektronenpaaren (z. B. O^{2-}, S^{2-}, Cl^-, Br^- oder I^-) und Metallzentren in hohen Oxidationsstufen mit energetisch niedrig liegenden Orbitalen. Ein bekanntes Beispiel hierfür ist das unter dem Namen Cadmiumgelb bekannte Pigment Cadmiumsulfid (CdS). Die farbgebende intensive Bande bei 520 nm resultiert durch die Übertragung eines Elektrons aus einem der p-Orbitale eines Sulfid-Liganden in ein freies d-Orbital des Cadmium-Kations. Ebenso entsteht die blutrote Färbung einer wässrigen Lösung des oktaedrisch koordinierte Eisen(III)-Komplex [$Fe^{III}(SCN)_3$] durch den Ladungstransfer von einem der Liganden zum Zentralatom, wobei formal ein Fe^{II}-Kation und ein Thiocyanat-Radikalanion gebildet werden.

Farbe von Mangan-Komplexen in wässriger Lösung
Warum ist die wässrige Lösung von [$Mn(H_2O)_6$]$^{2+}$ nur schwach rosa und eine Lösung vergleichbarer Konzentration von $KMnO_4$ tief violett?

Antwort: In dem oktaedrischen *high spin* d^5 Mn^{2+}-Komplex sind ausschließlich sowohl Laporte- als auch spinverbotene Übergänge von den t_{2g}- in die e_g-Orbitale möglich. Aufgrund der daraus resultierenden niedrigen Übergangswahrscheinlichkeit und dem somit niedrigen Absorptionskoeffizienten ist die wässrige Lösung nur schwach gefärbt. Bei $KMnO_4$ handelt es sich jedoch um einen quantenmechanisch erlaubten LMCT-Übergang mit hohem Absorptionskoeffizienten. Es wird ein Elektron aus einem besetzten p-Orbital eines Sauerstoff-Liganden in ein leeres d-Orbital des Mangan(VII)-Zentrums übertragen. Wässrige $KMnO_4$-Lösungen besitzen ein Absorptionsmaximum bei 560 nm und sind deshalb stark in der dazu komplementären Farbe violett gefärbt.

5.3 *Metal-to-Metal-CT*-Übergänge (MMCT) und *Ligand-to-Ligand-CT*-Übergänge (LLCT)

CT-Übergänge sind ebenso zwischen einzelnen Metallzentren wie auch unterhalb der Liganden möglich. Zum Beispiel beruht die intensive Farbe des Berliner Blaus $Fe_4[Fe(CN)_6]_3 \cdot n\ H_2O$ auf MMCT-Übergängen zwischen zwei Eisen-Zentren unterschiedlicher Oxidationsstufen. Durch die Einwirkung von gelbem Licht wird nämlich ein Elektron vom *low-spin* Fe^{II}- zum *high-spin* Fe^{III}-Zentrum transferiert und so der blaue Farbeindruck erzeugt.

Bei den LLCT-Übergängen handelt es sich oft um π- π^*-Übergange innerhalb aromatischer Liganden, wie z. B. 2,2′-Bipyridn oder 1,10-Phenanthrolin. Aufgrund des großen Energieunterschiedes der Orbitale liegen diese jedoch meist im UV- und damit nicht im sichtbaren Bereich der Spektren.

Spektren organischer Moleküle

6

Im Folgenden wollen wir uns nun etwas genauer mit dem photophysikalischen Prozess der Absorption von elektromagnetischer Strahlung durch organische Moleküle beschäftigen. In ihrem Grundzustand besitzen diese für gewöhnlich eine gerade Anzahl an Elektronen, wobei sich jeweils zwei Elektronen mit zueinander antiparallel orientierten Spins in einem Orbital befinden. Da alle Molekülorbitale vollständig gefüllt sind, verhalten sich solche Verbindungen diamagnetisch. Aus dem resultierenden Gesamtspin von 0 lässt sich somit eine **Multiplizität** von $M = 2S + 1 = 1$ herleiten. Deshalb handelt es sich bei dem elektronischen Grundzustand organischer Moleküle in aller Regel um einen **Singulett-Zustand** und man gibt ihm das Symbol S_0. Gemäß dem **Interkombinationsverbot** sind Übergänge bekanntlich nur zwischen elektronischen Zuständen gleicher Multiplizität erlaubt. Aus diesem Grund werden wir uns vorerst ausschließlich mit Übergängen zwischen dem Grundzustand S_0 und höheren Singulett-Zuständen S_n beschäftigen. Da die Anregung von Elektronen aus gebundenen σ-Orbitalen für gewöhnlich bei Wellenlängen unterhalb von $200\,\mathrm{nm}$ erfolgt und deshalb viele ungesättigte organische Verbindungen farblos sind, befassen wir uns im weiteren Verlauf zudem vorwiegend mit Übergängen von π-Elektronen. So liegt das Absorptionsmaxima vom π- in das π^*-Orbital einer isolierten C-C-Doppelbindung bei ca. $190\,\mathrm{nm}$ und bei einer isolierten Carbonylverbindung vom nicht bindenden in das π^*-Orbital bei ca. $290\,\mathrm{nm}$. Im letzteren Fall handelt es sich jedoch, wie wir schon wissen, um einen eigentlich symmetrieverbotenen Übergang, der deshalb nur eine schwache Intensität besitzt.

Wie bereits erwähnt verschiebt sich das Absorptionsmaximum durch Ausdehnung des delokalisierbaren π-Systems hin zu längeren Wellenlängen, da sich das HOMO und LUMO energetisch einander annähern. Dies kann man zum Beispiel bei linearen Polyenen sehr gut beobachten. Durch die Überlappung

© Springer Fachmedien Wiesbaden GmbH, ein Teil von Springer Nature 2020

F. Hinderer, *UV/Vis-Absorptions- und Fluoreszenz-Spektroskopie,* essentials,

https://doi.org/10.1007/978-3-658-25441-4_6

benachbarter p-Orbitale der in Konjugation stehenden Doppelbindungen bildet sich ein räumlich ausgedehnteres π-System, entlang dem sich die beteiligten Elektronen mehr oder weniger frei bewegen können.

Teilchen im Kasten: langwellige Absorptionsmaxima von linearen Polyenen

Nimmt man an, dass Polyene eindimensionale lineare Ketten sind, entlang derer sich die Elektronen frei bewegen können und nicht selbst miteinander wechselwirken, so lassen sich die jeweiligen Absorptionsmaxima näherungsweise mittels des quantenmechanischen Konzepts des Teilchens im Kasten berechnen. Bei welchen Wellenlängen liegen demnach theoretisch die Absorptionsmaxima von Butadien ($n = 2$) und Hexatrien ($n = 3$)? Für die Berechnung der Kettenlänge L kann dabei eine durchschnittliche Bindungslänge von 144 pm für die C–C bzw. C=C Bindungen angenommen werden ($m_e = 9{,}109 \times 10^{-31}$ kg, $h = 6{,}626 \times 10^{-34}$ Js).

$$\Delta E_{n \to n+1} = \frac{h^2 (2n + 1)}{8 m_e L^2}$$

Lösung:
Butadien ($n = 2$):

$$\Delta E_{2 \to 3} = 9.08 \times 10^{-19} \text{J}$$

$$\lambda_{abs} = 218 \text{nm}$$

Hexatrien ($n = 3$):

$$\Delta E_{3 \to 4} = 8.14 \times 10^{-19} \text{J}$$

$$\lambda_{abs} = 244 \text{nm}$$

Da mit steigender Anzahl an konjugierten π-Bindungen die durch die Bindungswinkel bedingte Abweichung von einer eindimensionalen Kette immer größer wird, versagt das Modell zunehmend für höhere Polyene. Außerdem wird mit steigender Anzahl an Elektronen deren Wechselwirkung untereinander bedeutsamer und kann nicht mehr einfach vernachlässigt werden.

6.1 Struktur und Intensität von Banden

Mit der elektronischen Anregung können, wie wir schon wissen, auch gleichzeitig stattfindende Schwingungs- und Rotationsübergänge einhergehen. Da Letztere für gewöhnlich nur in der Gasphase hinreichend aufgelöst und somit von geringerem Interesse sind, werden wir sie im Folgenden vernachlässigen. Schwingungsübergänge allerdings können sogar schon in Lösung beobachtet werden, wobei die Kopplung von erlaubten elektronischen Dipolübergängen nur mit totalsymmetrischen Schwingungen erfolgt, da diese das elektronische Übergangsdipolmoment nicht verändern. Wie sich anhand der Boltzmann-Statistik abschätzen lässt, ist für Moleküle, die bei Raumtemperatur im thermischen Gleichgewicht stehen, nahezu ausschließlich die niedrigste Schwingungsmode des elektronischen Grundzustands besetzt. Daher nehmen wir zur Vereinfachung im weiteren Verlauf an, dass alle elektronischen Übergänge aus dem tiefsten Schwingungsniveau des elektronischen Grundzustandes S_0 erfolgen.

Statistische Besetzung der Schwingungsniveaus nach der Boltzmann-Verteilung

Mit welcher Wahrscheinlichkeit ist das erste angeregte Schwingungsniveau im elektronischen Grundzustand S_0 bei Raumtemperatur (T = 293 K) besetzt, wenn die Energiedifferenz $\Delta E = 1000\,cm^{-1}$ beträgt? ($k_B = 1.23 \times 10^{-23}\,J\,K^{-1}$).

Lösung:

$$\frac{N_1}{N_0} = e^{\frac{E}{k_B T}} = 0{,}007$$

Infolge elektronischer Übergänge ändert sich meist auch die Elektronendichteverteilung innerhalb des Moleküls, was zur Folge haben kann, dass elektronische Grund- und Anregungszustände unterschiedliche Potentialenergiehyperflächen und Gleichgewichtsabstände (R_{eq} und R'_{eq}) der Kerne besitzen. Oft führen elektronische Anregungen nämlich zur Besetzung antibindender Orbitale und daher zu einer Bindungslockerung im angeregten Zustand. Da die Frequenz einer Streckschwingung jedoch von der Bindungsenergie zwischen den beteiligten Kernen abhängt, werden sich demnach auch die Abstände der Schwingungsniveaus im elektronisch angeregten Zustand gegenüber denen des Grundzustands ändern. Die Frequenz der Streckschwingungen zwischen den Kernen wird z. B. durch eine Bindungslockerung vermindert und das Potentialminimum hin zu größeren Gleichgewichtsabständen verschoben ($R'_{eq} > R_{eq}$).

Man hört oft, dass sich die Kernpositionen während des elektronischen Übergangs nicht ändern, da Elektronenübergänge viel schneller stattfinden als die Schwingungen zwischen den Kernen. Wie soll nun also die Schwingungsstruktur des Spektrums entstehen, wenn der Elektronenübergang bereits beendet ist bevor die Kerne im angeregten Zustand eine Schwingung vollführt haben?

> **Dauer elektronischer Übergänge und Schwingungen**
> Wie lange beträgt die Dauer t_{el} eines elektronischen Übergangs bei einem Absorptionsmaximum von $\lambda = 300\,\text{nm}$ und t_{vib} einer Molekülschwingung bei $\tilde{v} = 1000\ \text{cm}^{-1}$
> Lösung:
> $$t_{el} = 1{,}00 \times 10^{-15}\ \text{S}$$
> $$t_{vib} = 3{,}34 \times 10^{-14}\ \text{S}$$

Einen wichtigen Beitrag zur Klärung der Struktur und Intensitätsverteilung von vibronischen Banden trugen Franck und Condon mit dem nach ihnen benannten **Franck–Condon-Prinzip** bei (Franck 1925, Condon 1926, Condon 1928). Sie machten sich hierfür die **Born–Oppenheimer-Näherung** zunutze, nach der man aufgrund des enormen Masseunterschieds zwischen Elektronen und Kernen deren Bewegung und somit auch Wellenfunktionen separiert betrachten kann.

$$\frac{m_{\text{Kern}}}{m_{\text{Elektron}}} \approx 1800$$

Quantenmechanisch betrachtet ist die Aufenthaltswahrscheinlichkeit eines Elektrons in der **Nullpunktsschwingung** des elektronischen Grundzustands beim **Gleichgewichtsabstand R_{eq}** am größten, doch finden zwangsläufig elektronische Übergänge auch von dort statt? Nach der **Unschärferelation** von Heisenberg sind Ort und Energie eines Elektrons nicht beide zeitgleich eindeutig definiert. Im Zusammenhang mit der Äquipartition von kinetischer und potentieller Energie ergibt sich daraus, dass es keinen festen Kernabstand für Elektronenübergänge geben kann (Mustroph und Ernst 2011). Daher sollte es aus quantenmechanischer Sicht vielmehr richtigerweise heißen, dass die dynamischen Zustände, also die Schwingungswellenfunktionen der Kerne, während des elektronischen

Übergangs unverändert bleiben. Denn laut der Quantenmechanik existieren die Elektronen- und Schwingungszustände höherer Energieniveaus bereits schon vor dem elektronischen Übergang und besitzen jeweils einen eigenen Satz an Eigenfunktionen (Ψ_{el} und Ψ_{vib}), den dazugehörigen Eigenwerten (E_{el} und E_{vib}) sowie Potentialenergiehyperflächen. Bei vibronisch gekoppelten Elektronenübergängen wird nun der Übergang zu dem Schwingungszustand im ersten angeregten Elektronenzustand S_1 am wahrscheinlichsten sein, dessen Wellenfunktionen der Grundschwingung im Grundzustand S_0 "am meisten ähnelt", da so eine minimale Änderung des dynamischen Systems auftritt. Wie wir gleich sehen werden, ist ein Maß hierfür das **Überlappungsintegral** zwischen den Schwingungswellenfunktionen im Grund- und Anregungszustand, das zwischen 0 und 1 liegen kann.

Franck–Condon-Prinzip

Es gilt zu beachten, dass der Zustand eines Moleküls sich durch einen elektronischen und einen vibronischen Anteil beschreiben lässt. Für die Übergangswahrscheinlickeit W vibronisch gekoppelter Elektronenübergänge ergibt sich dann

$$W = \vec{\mu}_{a,g} = \langle \Psi^*_{a,el}\Psi^*_{a,vib} | \vec{\mu}_{E,N} | \Psi_{g,el}\Psi_{g,vib} \rangle$$

$$= \langle \Psi^*_{a,el}\Psi^*_{a,vib} | \vec{\mu}_{E} + \vec{\mu}_{N} | \Psi_{g,el}\Psi_{g,vib} \rangle$$

$$= \langle \Psi^*_{a,el}\Psi^*_{a,vib} | \vec{\mu}_{E} | \Psi_{g,el}\Psi_{g,vib} \rangle + \langle \Psi^*_{a,el}\Psi^*_{a,vib} | \vec{\mu}_{N} | \Psi_{g,el}\Psi_{g,vib} \rangle$$

Zur Vereinfachung wurde im nächsten Schritt angenommen, dass die Position der Elektronen von denen der Kerne unabhängig ist, was natürlich nicht ganz der Realität entspricht (Born–Oppenheimer Näherung).

$$W = \langle \Psi^*_{a,vib} | \Psi_{g,vib} \rangle \langle \Psi^*_{a,el} | \vec{\mu}_{E} | \Psi_{g,el} \rangle + \langle \Psi^*_{a,el} | \Psi_{g,el} \rangle \langle \Psi^*_{a,vib} | \vec{\mu}_{N} | \Psi_{g,vib} \rangle$$

Da elektronische Wellenfunktionen zweier verschiedener elektronischer Zustände orthogonal zueinander sind, kann der zweite Term gleich null gesetzt werden. Übrig bleibt somit nur noch das Produkt aus dem Überlappungsintegral der vibronischen Wellenfunktionen als erstem, und dem elektronischen Übergangsdipolmoment als zweitem Faktor. Es sei daran erinnert, dass das elektronische Übergangsdipolmoment einfach formuliert die Umorientierung der Elektronendichte während des Elektronenübergangs widerspiegelt.

$$W = \langle \Psi^*_{a,vib} | \Psi_{g,vib} \rangle \langle \Psi^*_{a,el} | \vec{\mu}_{E} | \Psi_{g,el} \rangle$$

$$= \langle \Psi^*_{a,vib} | \Psi_{g,vib} \rangle \times \vec{\mu}_{el}$$

Die Wahrscheinlichkeit von vibronisch gekoppelten Übergängen hängt also neben dem elektrischen Übergangsdipolmoment auch maßgeblich vom Überlappungsintegral der betreffenden vibronischen Wellenfunktionen im Grund- und Anregungszustand ab. Da die

Intensität eines elektronischen Übergangs bekanntlich proportional zum Betragsquadrat des Übergangsdipolmoments ist, ergibt sich, dass die Intensitäten $I_{a,g}$ der vibronischen Banden im Spektrum proportional zum Betragsquadrat des Überlappungsintegrals der vibronischen Wellenfunktionen beider beteiligten elektronischen Zustände ist.

$$I_{a,g} \propto |W|^2 \Rightarrow I_{a,g} \propto \left| \langle \Psi^*_{a,vib} | \Psi_{g,vib} \rangle \right|^2$$

Aus der quantenmechanischen Betrachtung des Franck–Condon-Prinzips ergibt sich, dass die Signalintensität von vibronisch gekoppelten Elektronenübergängen von dem Überlappungsintegral der jeweiligen Schwingungswellenfunktionen $\Psi_{g,vib}$ und $\Psi^*_{a,vib}$ im elektronischen Grund- und Anregungszustand abhängt. Mit einem Elektronenübergang können demnach mehrere Schwingungsübergänge gleichzeitig einhergehen und dadurch die Schwingungsstruktur einer Absorptionsbande hervorrufen. Die daraus resultierende Intensitätsverteilung der Signale lässt sich aus den entsprechenden Überlappungsintegralen der jeweiligen vibronischen Wellenfunktionen ableiten und das Integral aller Absorptionskoeffizienten über den betroffenen Wellenlängenbereich ergibt die Gesamtintensität des elektronischen Übergangs.

$$A = \int \varepsilon(\lambda)d\,\lambda.$$

Eine weitere wichtige Erkenntnis lässt sich aus der Tatsache ziehen, dass die Überlappungsintegrale vibronischer Wellenfunktionen über den gesamten Bereich all ihrer Kernabstände berechnet werden müssen. Folglich kann also schon rein mathematisch gesehen ein elektronischer Übergang nicht aus einem bestimmten Kernabstand erfolgen. Von daher markieren die vertikalen Pfeile in Abb. 6.1 lediglich die Übergänge zwischen den elektronischen und vibronischen Zuständen und deren Lage relativ zur Abszisse ist völlig willkürlich gewählt worden. Zwar kann die Länge der Pfeile ein Maß für die Energieunterschiede der Zustände darstellen, ansonsten haben ihre Anfangs- und Endpunkte jedoch keine weitere physikalische Bedeutung.

Sind R_{eq} und R'_{eq} exakt gleich, so wird man tatsächlich ausschließlich den Übergang zwischen den beiden Nullpunktsschwingungen von S_0 und S_1 beobachten können, da die Überlappungsintegrale für alle Schwingungsquantenzahlen mit $v'>0$ verschwinden. Bei nahezu identischen Gleichgewichtsabständen der Kerne im elektronischen Grund- und Anregungszustand ($R_{eq} \approx R'_{eq}$) wird der 0–0 Übergang immer noch am wahrscheinlichsten sein und somit die größte Intensität besitzen. Mit größer werdendem Gleichgewichtsabstand der Kerne im Anregungszustand ($R_{eq}<R'_{eq}$) jedoch werden Übergänge in höhere Schwingungsniveaus ($v'>0$) des elektronischen Anregungszustands

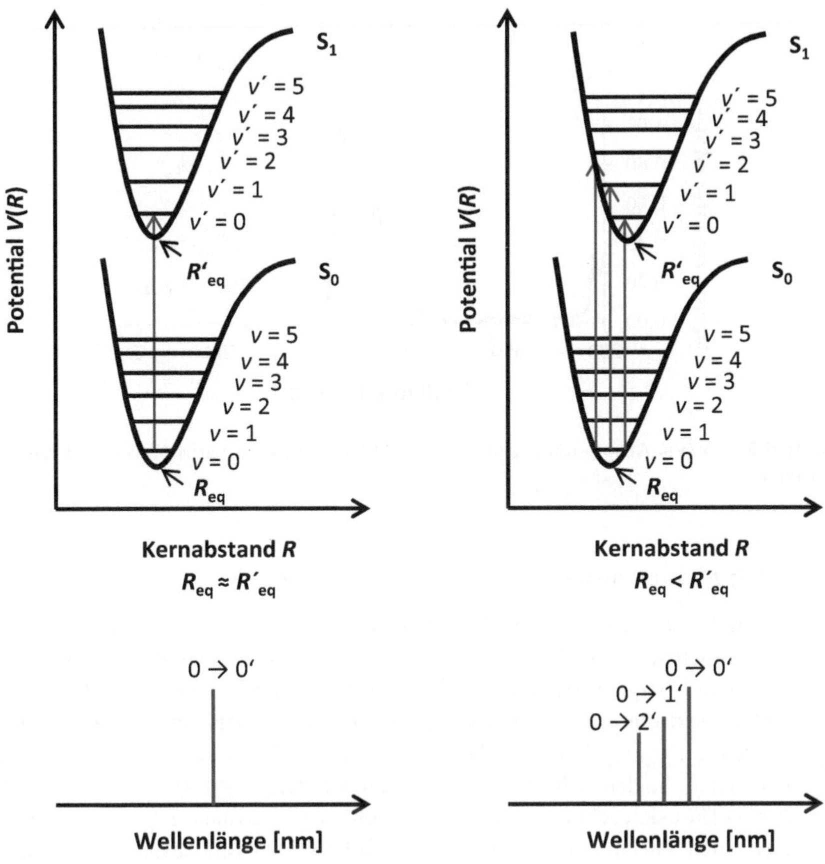

Abb. 6.1 Zweidimensionale Darstellung der Potentialenergiehyperflächen der ersten beiden elektronischen Zustände S_0 und S_1 eines zweiatomigen Moleküls mit den dazugehörigen Schwingungstermen sowie die schematische Darstellung der Symmetrie und Intensität der entsprechenden Absorptionsspektren für $R_{eq} \approx R'_{eq}$ (links) und $R_{eq} < R'_{eq}$ (rechts)

zunehmend wahrscheinlicher und besitzen somit dann auch höhere Intensitäten. Das Absorptionsspektrum spiegelt also die Schwingungsstruktur des angeregten Zustands wider. Wie bereits erwähnt verteilt sich die Gesamtintensität des elektronischen Übergangs dabei auf alle möglichen vibronischen Banden und beeinflusst somit die dazugehörigen Absorptionskoeffizienten.

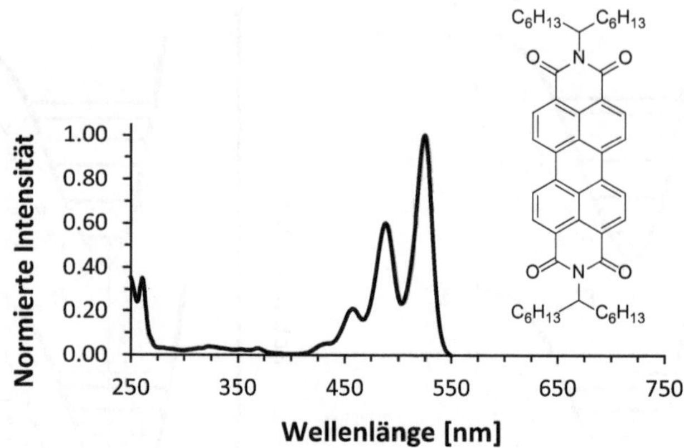

Abb. 6.2   UV/Vis-Absorptionsspektrum eines Perylenbisimid-Farbstoffes in Dichlormethan

UV/Vis-Absorptionsspektrum eines Perylenbisimids

Abb. 6.2 zeigt das UV/Vis-Absorptionsspektrum eines Perylenbisimids in Dichlormethan. Der Peak mit der größten Intensität liegt bei 525 nm und kann dem Übergang zwischen den beiden Nullpunktsschwingungen der ersten beiden elektronischen Zustände S_0 und S_1 zugeordnet werden. Die beiden Banden geringerer Intensität bei 488 nm und 457 nm gehören demnach zu den ersten beiden vibronisch gekoppelten Übergängen $0 \rightarrow 1$ und $0 \rightarrow 2$. Daraus lässt sich schließen, dass der Gleichgewichtsabstand R'_{eq} der Kerne im angeregten Zustand etwas größer sein wird als im Grundzustand. Außerdem muss aufgrund der Intensitätsverteilung das Überlappungsintegral der beiden Nullpunktsschwingungen am größten sein. Die Tatsache, dass die erste vibronische Bande einen Energieunterschied von 1444 cm^{-1} und die zweite von nur 1390 cm^{-1} beträgt, lässt sich dadurch erklären, dass die Abstände benachbarter Schwingungsniveaus im **Morse-Potential** des **anharmonischen Oszillators** für höhere Schwingungsniveaus zunehmend geringer werden. ◄

Konzept der Fluoreszenz-Spektroskopie

7

Wie wir in den vorangegangenen Kapiteln gelernt haben, können Moleküle mit einer chromophoren Einheit durch Absorption eines Photons in elektronisch angeregte Zustände übergehen. Hierbei führen die damit einhergehenden Änderungen vorhandener Schwingungs- und Rotationszustände mitunter zu sehr komplexen und linienreichen Spektren. Infolgedessen bieten sich für angeregte Zustände verschiedenste Möglichkeiten unter Abgabe von Energie wieder in ihren Grundzustand zurückzukehren. Hier beschränken wir uns jedoch auf strahlungslose und strahlende Übergänge, bei denen keine photochemische Reaktionen ablaufen, die zu Veränderungen oder Zerstörung des Moleküls führen würden. Für die detaillierte Beschreibung weiterer Aspekte wie Lösungsmittel-effekte, Fluoreszenzlöschung, Excimer-/ Exciplex-Bildung sowie Elektronen- oder Energietransferprozesse wird auf einschlägige Fachliteratur verwiesen (Valeur 2002; Lakowicz 2006; Klán 2009).

7.1 Strahlungslose Desaktivierung

Wird ein Molekül in höhere Elektronen- und Schwingungszustände angeregt, so kann es durch intra- und intermolekulare Prozesse Energie innerhalb des Moleküls umverteilen oder an die Umgebung abgeben, um wieder in seinen Grundzustand zurückzukehren (Abb. 7.1). Zum Beispiel kann durch Kollision mit Lösungsmittelmolekülen oder anderen Stoßpartnern Energie in Form von Wärme abgeführt werden (Stephenson und Hammond 1969). Zudem besitzt ein Molekül bestehend aus N Atomen 3 N Freiheitsgrade der Translation, Rotation und Schwingung, auf die es überschüssige Anregungs-energie verteilen kann. Man spricht hierbei von der **inneren Umwandlung**

© Springer Fachmedien Wiesbaden GmbH, ein Teil von Springer Nature 2020
F. Hinderer, *UV/Vis-Absorptions- und Fluoreszenz-Spektroskopie*, essentials,
https://doi.org/10.1007/978-3-658-25441-4_7

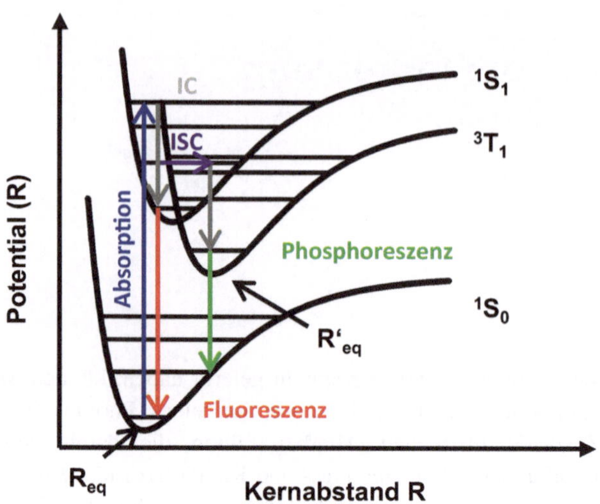

Abb. 7.1 Darstellung möglicher photophysikalischer Prozesse in einem Jablonski-Diagramm. Die zur Fluoreszenz und Phosphoreszenz konkurrierenden möglichen strahlungslosen Desaktivierungs-Prozesse wurden der Übersicht halber nicht eingezeichnet

(IC, *internal conversion*), die bei großen Molekülen mit vielen Freiheitsgraden statistisch gesehen besonders effizient verläuft. Liegen hierbei nun zwei elektronische Zustände energetisch nahe genug beieinander, sodass sich ihre Potentialenergiehyperflächen durchdringen (konische Durchschneidung), können Übergänge zwischen isoenergetischen Schwingungsniveaus auftreten. Durch die Kopplung der elektronischen Zustände kann nun die frei-werdende Energie auf hoch angeregte Schwingungszustände des tiefer liegenden Elektronenzustands übertragen werden und anschließend eine Relaxation in dessen Schwingungsgrundzustand erfolgen. Diese strahlungslosen Desaktivierungen führen in der kondensierten Phase zumeist vergleichsweise rasch in das tiefste Schwingungsniveau des ersten elektronischen Anregungszustands. Da die Energielücke zwischen elektronischem Grund- und erstem Anregungszustand meist wesentlich größer ist als zwischen höheren benachbarten Elektronenzuständen, verläuft die innere Umwandlung hier oft nur sehr langsam und andere photophysikalische Prozesse sind konkurrenzfähig. Deshalb werden strahlende Übergänge in der Regel auch nur aus dem Schwingungsgrundzustand der tiefsten elektronischen Anregungszustände $^1S_1$ und $^3T_1$ (**Kasha-Regel**) beobachtet. Zugleich lässt sich daraus aber auch folgerichtig schließen, dass die emittierte Wellenlänge unabhängig von der Wellenlänge des absorbierten Photons und charakteristisch für das jeweilige Molekül ist. Aber Vorsicht, Ausnahmen bestätigen ja bekanntlich die Regel und so gibt es auch Moleküle wie zum Beispiel Azulen, die aus dem S_2 in den S_0 Zustand relaxieren können (Huppert 1972; Wöhrle 1998).

7.2 Strahlende Desaktivierung

Erfolgt ein Übergang aus einem elektronisch angeregten Singulett Zustand S_n unter spontaner Emission elektromagnetischer Strahlung, so nennt man diesen Vorgang **Fluoreszenz.** Die **Fluoreszenzlebensdauer** τ_{fl} für organische Moleküle liegt typischerweise im Bereich einiger Nanosekunden ($\sim 10^{-9}\,$s) und gibt die mittlere Dauer an, die ein Molekül im angeregten Zustand verweilt, bevor es durch Abgabe eines Photons wieder in den elektronischen Grundzustand zurückkehrt. Erfolgt die Fluoreszenz nur aus einem elektronischen Zustand, so kann man für gewöhnlich einen mono-exponentiellen Abfall der Fluoreszenzintensität messen. Dies hängt unter anderem von der elektronischen Struktur des Fluorophors sowie dessen Umgebung (z. B. Temperatur, pH-Wert, Lösungsmittel, etc.) oder Wechselwirkung mit anderen Molekülen ab. Die **Fluoreszenzquantenausbeute** Φ_{fl} gibt an, welcher Anteil n_{fl} der anfänglich absorbierten Photonen n_{abs} schlussendlich unter Ausstrahlung von Fluoreszenz wieder abgegeben wird. Sie berechnet sich nach folgender Formel.

$$\Phi_{fl} = \frac{n_{fl}}{n_{abs}}$$

Absorptions- und Fluoreszenzspektrum weißen oft eine Spiegelbild-Symmetrie auf, in deren Mitte der $0 \rightarrow 0$ Übergang zu finden ist. Aufgrund des Energieverlusts durch die innere Umwandlung von höher angeregten Schwingungsniveaus im S_1 Zustand und dem anschließenden Übergang zurück in den Grundzustand S_0 (vgl. Kasha-Regel) liegen Absorptions- und Fluoreszenz häufig energetisch auseinander. Diese Differenz wird **Stokes-Verschiebung** genannt und hängt vorwiegend von den unterschiedlichen Gleichgewichtsabständen der Kerne im Grund- und Anregungszustand ab (Abb. 7.2). Ähneln sich beide, dann ist die Stokes-Verschiebung gering. Unterscheiden sie sich stark, wird auch die Stokes-Verschiebung größer sein. Die häufig beobachtbare spektrale Überlappung von Absorptions- und Fluoreszenzspektrum ist dem Umstand geschuldet, dass im thermischen Gleichgewicht gemäß der Maxwell–Boltzmann-Verteilung zu geringen Teilen im elektronischen Grundzustand auch höhere

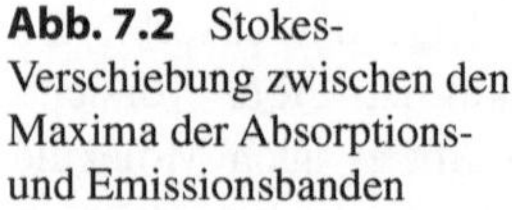

Abb. 7.2 Stokes-Verschiebung zwischen den Maxima der Absorptions- und Emissionsbanden

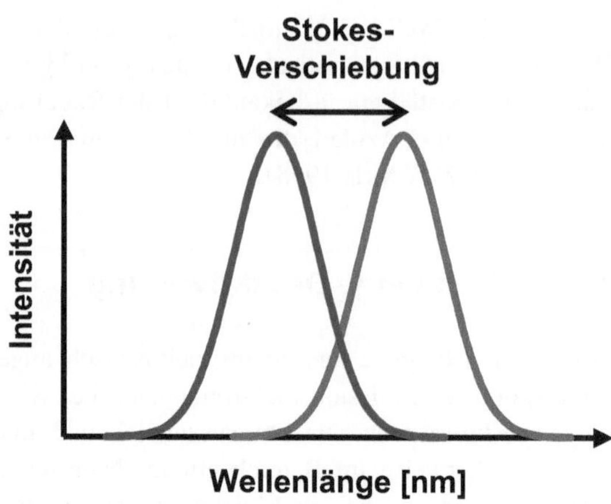

Schwingungsniveaus besetzt sein können, aus denen elektronische Übergänge in höhere elektronische Anregungszustände erfolgen.

Die Intensitäten der einzelnen Banden werden hierbei analog zur Absorption ebenfalls wieder durch die Quadrate der Überlappungsintegrale der vibronischen Wellenfunktionen im elektronisch angeregten und Grundzustand bestimmt. Je größer das Quadrat der Überlappungsintegrale ist, desto wahrscheinlicher wird ein Übergang und besitzt somit eine stärkere Intensität im Spektrum.

$$I(v_g, v_a) \propto \left| \langle \Psi^*_{g,vib} | \Psi_{a,vib} \rangle \right|^2$$

Sind die Gleichgewichtsabstände der Kernkonfigurationen im elektronisch angeregten und Grundzustand nahezu gleich ($R'_{eq} \approx R_{eq}$), wird der $0 \to 0$ Übergang am wahrscheinlichsten und somit seine Intensität am stärksten sein (Abb. 7.3). Die Stokes-Verschiebung wird minimal und das Fluoreszenzspektrum schmal und asymmetrisch sein, da die Intensitäten der Schwingungsbanden vibronisch gekoppelter Übergänge aus höheren Schwingungsmoden geringer werden.

Sind die Positionen der Kerne im angeregten Zustand aufgrund einer Bindungslockerung zu höheren Gleichgewichtsabständen verschoben ($R'_{eq} > R_{eq}$), erfolgen die Übergänge aus der Nullpunktsschwingung des S_1 Zustands dadurch mit größerer Wahrscheinlichkeit in höhere Schwingungsmoden von S_0 und relaxieren anschließend in dessen vibronischen Grundzustand. Die Fluoreszenz-spektren weisen nun ein Maximum beim vibronisch gekoppelten Übergang höchster Wahrscheinlichkeit auf, wobei alle anderen Schwingungsbanden

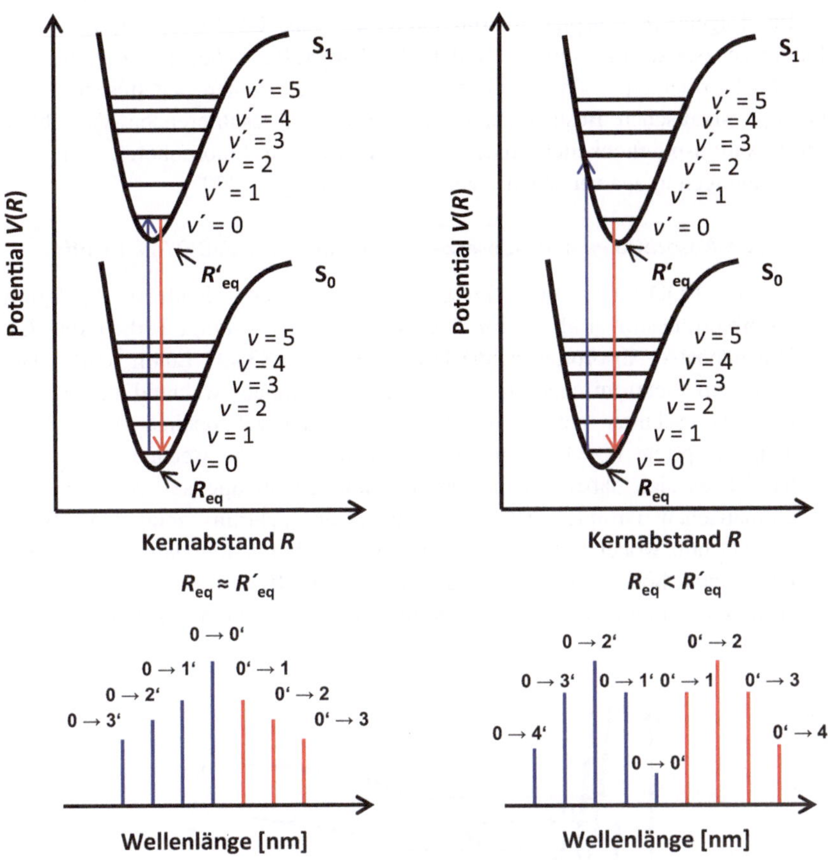

Abb. 7.3 Zweidimensionale Darstellung der Potentialenergiehyperflächen der ersten beiden elektronischen Zustände S$_0$ und S$_1$ eines zweiatomigen Moleküls mit den dazugehörigen Schwingungstermen sowie die schematische Darstellung der Symmetrie und Intensität der entsprechenden Fluoreszenzspektren für R$_{eq} \approx$ R'$_{eq}$ (links) und R$_{eq} <$ R$'_{eq}$ (rechts)

mehr oder weniger symmetrisch dazu angeordnet sind. Dadurch erhält man Informationen über die Schwingungsstruktur des elektronischen Grundzustands. Viele Fluoreszenzspektren lassen sich in der Praxis unter Zuhilfenahme dieser einfachen Annahmen zufriedenstellend erklären, aber natürlich handelt es sich hierbei um idealisierte Fälle. Und wie wir in dem gleich folgenden Fallbeispiel sehen werden, können Spektren oftmals auch wesentlich komplexer sein.

Im folgenden Beispiel interpretieren wir das UV/Vis-Absorptions- und Fluoreszenzspektrum eines BODIPY Farbstoffs (*Boron-Dipy*rromethen) in Dichlormethan. Unter anderem aufgrund seiner chemischen und photophysikalischen Beständigkeit und der daraus resultierenden Vielzahl an Modifikationsmöglichkeiten findet diese Klasse von Fluorophoren zahlreiche Anwendungen in den verschiedensten Gebieten (Burgess 2007).

UV/Vis-Absorptions- und Fluoreszenzspektrum eines BODIPY-Farbstoffs

Da der BODIPY-Farbstoff im grünen Bereich des sichtbaren Spektrums absorbiert, besitzt er als Feststoff selbst eine intensiv orange Farbe (Abb. 7.4). Die intensive Absorptionsbande bei 503 nm ($\varepsilon = 83.437$ Lmol^{-1}cm^{-1}) lässt sich dem elektronischen $0 \rightarrow 0$ Übergang zuordnen, während die weniger intensive Schulter bei 477 nm dem vibronisch gekoppelten $0 \rightarrow 1$ Übergang entspricht ($v = 1084$ cm^{-1}). Quantenmechanische Rechnungen zufolge handelt es sich dabei um die Deformationsschwingung aus der Ebene des aromatischen Grundgerüsts. Das Fluoreszenzspektrum zeigt eine Bande bei 511 nm, wobei sich eine energieärmere Schulter hier nur erahnen lässt. Die relativ hohe Fluoreszenzquantenausbeute ($\Phi_{fl} = 0{,}63$) und somit stark auftretende Fluoreszenz lässt sich im Übrigen dadurch erklären, dass die

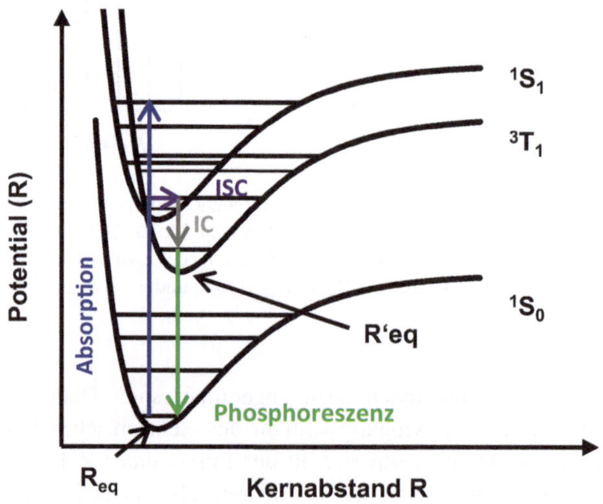

Abb. 7.4 Absorptions- und Fluoreszenzspektrum eines BODIPY-Farbstoffes

beiden Methylgruppen in 1- und 7-Position die Rotation des Phenylrings in *meso*-Position stark hindern und dadurch konkurrierende strahlungslose Desaktivierungs-Prozesse unterdrücken. Die Unabhängigkeit der Lage des Fluoreszenzmaximums von der Anregungswellenlänge spricht hier für eine Emission aus dem Schwingungsgrundzustand des ersten angeregten Zustands (Kasha-Regel). Sowohl die spärliche vibronische Struktur als auch die relativ kleine Stokes-Verschiebung ($311\ cm^{-1}$) legen nahe, dass $^1S_0$ und $^1S_1$ eine ähnliche Geometrie besitzen (R'_{eq} ist nur geringfügig größer als R_{eq}). Diese Annahme wird zusätzlich durch quantenmechanische Berechnungen unterstützt. Ebenso sind Lage und Form der Spektren kaum abhängig vom verwendeten Lösungsmittel. Die hier, wenn auch nur schwach, auftretenden spektralen Verschiebungen korrelieren allerdings eher mit der Polarisierbarkeit als der Polarität des Lösungsmittels. Beim Übergang vom elektronischen Grund- in den Anregungszustand wird sich das Dipolmoment also vermutlich auch nur unwesentlich ändern. ◄

Terminologie

- Fluoreszenz-Spektren stellen die Intensität der emittierten Strahlung (y-Achse) während des Übergangs vom elektronisch angeregten in den Grundzustand eines Moleküls in Abhängigkeit der detektierten Wellenlänge [nm], Energie [eV] oder Wellenzahl [cm^{-1}] (x-Achse) dar
- Der intensivste Peak wird absolutes Fluoreszenzmaximum genannt
- Die Lage des Fluoreszenzmaximums ist unabhängig von der Anregungswellenlänge (**Kasha-Regel**), jedoch nicht die Intensität

7.3 Phosphoreszenz

Ein weiterer wichtiger strahlungsloser Prozess stellt die **Interkombination** (ISC, *intersystem crossing*) zwischen **Singulett-** und **Triplett-Zuständen** dar. Dabei finden ähnlich zur inneren Umwandlung Übergänge zwischen isoenergetischen Schwingungsniveaus zweier Elektronenzustände (z. B. von $^1S_1$ zu $^3T_1$) statt (Abb. 7.5). Allerdings besitzen sie hier unterschiedliche Multiplizitäten. Die Spinumkehr führt zu einer parallelen Anordnung der Spins ($S = 1$, $M = 3$) und dadurch zu einem energieärmeren, dreifach entarteten Zustand (Hund'sche Regel der maximalen Spinmultiplizität). Da das Interkombinationsverbot allerdings streng

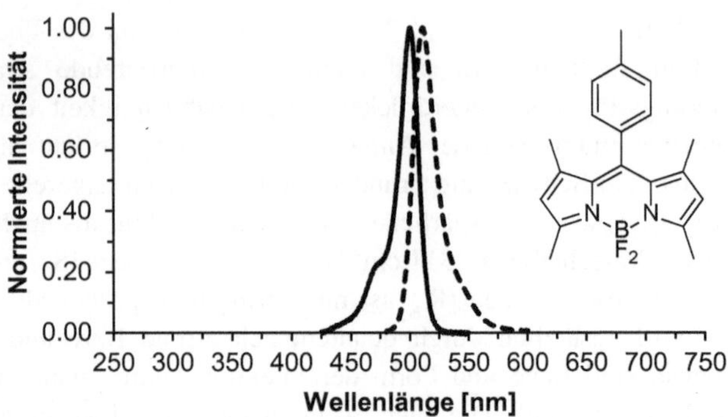

Abb. 7.5 Interkombination (ISC) zwischen den Singulett- und Triplett-Zuständen $^1S_0$ und $^3T_1$

genommen nur Übergänge zwischen Zuständen gleicher Multiplizität erlaubt, treten diese spinverbotenen Übergänge oft nur mit geringer Wahrscheinlichkeit auf und verlaufen im Vergleich zu konkurrierenden Prozessen nur äußerst langsam ab. Jedoch kann die Interkombinationsrate durch Spin-Bahn-Kopplung mit Atomen großer Kernladungszahl Z deutlich erhöht werden (innerer und äußerer „Schweratomeffekt" $\propto Z^4$). Nach Relaxation in den Schwingungsgrundzustand ist nun die Rückkehr von $^3T_1$ in den elektronischen Grundzustand $^1S_0$ zwangsweise natürlich ebenso spinverboten und erfolgt daher gleichermaßen langsam, weshalb man Triplett-Zustände auch als metastabil bezeichnet. Kann man jedoch eine gleichzeitige Emission elektromagnetischer Strahlung während des Übergangs von $^3T_1$ nach $^1S_0$ beobachten, nennt man diesen Vorgang **Phosphoreszenz.** Ihre Lebensdauer kann Millisekunden oder in speziellen Fällen sogar bis zu einigen Stunden betragen. Oft werden die Messungen bei niedrigen Temperaturen (77 K) in einer inerten Matrix durchgeführt, um konkurrierende strahlungslose Prozesse zu unterdrücken und so die Phosphoreszenz-Quantenausbeute zu steigern.

Es sei noch erwähnt, dass unter gewissen Umständen, z. B. thermischer Aktivierung, ebenfalls der Übergang vom $^3T_1$ zurück in den $^1S_1$ Zustand möglich ist. Wird anschließend infolge von strahlender Desaktivierung in den Grundzustand $^1S_0$ ein Photon emittiert, so spricht man dabei von einer **verzögerten Fluoreszenz.**

Was Sie aus diesem *essential* mitnehmen können

- Durch Wechselwirkung mit elektromagnetischer Strahlung im ultravioletten und sichtbaren Bereich des Spektrums können Elektronen vom elektronischen Grundzustand eines Moleküls in angeregte Zustände übergehen
- Die Abgabe der aufgenommenen Energie kann in strahlenden (Fluoreszenz oder Phosphoreszenz) oder strahlungslosen Prozessen (innere Umwandlung, Wärmeentwicklung, Photochemische Reaktionen, Energietransfer) abgegeben werden, wobei das Elektron wieder in den elektronischen Grundzustand des Moleküls zurückkehrt
- Die Intensität der absorbierten bzw. emittierten Strahlung in Abhängigkeit der Wellenlänge gibt Einblicke in die elektronische Struktur von Molekülen in ihrem elektronischen Grundzustand bzw. angeregten Zustand
- Durch einfache Symmetriebetrachtungen lassen sich Auswahlregeln erstellen, anhand derer man abschätzen kann, ob elektronische Übergänge zwischen bestimmten Orbitalen quantenmechanisch erlaubt sind

Da es sich hierbei lediglich um eine Einführung in das sehr komplexe Thema der UV/Vis-Absorptions- und Fluoreszenz-Spektroskopie handelt und die zugrunde liegenden quantenmechanischen Konzepte nicht unbedingt als gegeben vorausgesetzt werden konnten, wurde hier vielmehr Wert auf das allgemeine Verständnis von Grundprinzipien anstatt auf deren Vollständigkeit gelegt. Da hierdurch viele Themen der Einfachheit halber nur kurz angerissen oder gar gänzlich unerwähnt blieben, wird dem interessierten Leser das Studium tiefergehender Fachliteratur empfohlen (Valeur 2002; Lakowicz 2006; Klán 2009).

© Springer Fachmedien Wiesbaden GmbH, ein Teil von Springer Nature 2020   41
F. Hinderer, *UV/Vis-Absorptions- und Fluoreszenz-Spektroskopie,* essentials,
https://doi.org/10.1007/978-3-658-25441-4

Literatur

Atkins P, de Paula J (2006) Physical chemistry. Oxford University Press, Oxford

Bayliss NS, McRae EG (1954) Solvent effects in the spectra of acetone, crotonaldehyde, nitromethane and nitrobenzene. The Journal of Physical Chemistry 58(11):1006–1011. https://doi.org/10.1021/j150521a018

Betzig E (2015) Single molecules and super-resolution optics (nobel lecture). Angew Chem 54(28):8034–8053. https://doi.org/10.1002/anie.201501003

Burgess K, Loudet A (2007) BODIPY dyes and their derivatives: synthesis and spectroscopic properties. Chem Rev 1007:4891–4932. https://doi.org/10.1021/cr078381n

Chalfie M (2009) GFP: Ein Protein bringt Licht ins Dunkle (Nobel-Vortrag). Angew Chem 121(31):5711–5720. https://doi.org/10.1002/ange.200902040

Condon EU (1926) A theory of intensity distribution in band systems. Phys Rev 28(6):1182–1201. https://doi.org/10.1103/physrev.28.1182

Condon EU (1928) nuclear motions associated with electron transitions in diatomic molecules. Phys Rev 32(6):858–872. https://doi.org/10.1103/physrev.32.858

Doub L, Vandenbelt JM (1947) The ultraviolet spectra of simple unsaturated compounds. I. Mono- and p-disubstituted benzene derivatives. J Am Chem Soc 49:2714–2723. https://doi.org/10.1021/ja01203a046

Franck J (1926) Elementary processes of photochemical reactions. Trans Faraday Soc 21:536–542. https://doi.org/10.1039/TF9262100536

Gade LH (1998) Koordinationschemie. Wiley-VCH, Weinheim

Haken H, Wolf HC (2006) Molekülphysik und Quantenchemie. Springer, Heidelberg

Hell SW (2015) Nanoskopie mit fokussiertem Licht (Nobel-Aufsatz). Angew Chem 127(28):8167–8181. https://doi.org/10.1002/ange.201504181

Hesse M, Meier H, Zeeh B (2005) Spektroskopische Methoden in der organischen Chemie. Thieme, Stuttgart

Housecroft CE, Sharpe AG (2006) Anorganische Chemie. Pearson Studium, Hallbergmoos

Huppert D, Jortner J, Rentzepis PM (1972) S2 → S1 emission of azulene in solution. Chem Phys Lett 13(3):225–228. https://doi.org/10.1016/0009-2614(72)85047-4

Kaim W, Ernst S, Kohlmann S (1987) Farbige Komplexe: das Charge-Transfer Phänomen. Chem unserer Zeit 21(2):50–58. https://doi.org/10.1002/ciuz.19870210204

© Springer Fachmedien Wiesbaden GmbH, ein Teil von Springer Nature 2020 43
F. Hinderer, *UV/Vis-Absorptions- und Fluoreszenz-Spektroskopie,* essentials,
https://doi.org/10.1007/978-3-658-25441-4

Kalyanasundaram K (1982) Photophysics, photochemistry and solar energy conversion with Tris(Bipyridyl)Ruthenium(II) and ist analogues. Coord Chem Rev 46:159–244. https://doi.org/10.1016/0010-8545(82)85003-0

Klán P, Wirz J (2009) photochemistry of organic compounds: from concepts to practice. Wiley-VCH, West Sussex

Kumler WD (1946) the absorption spectra of some para substituted aniline derivatives. J Am Chem Soc 68:1184–1192. https://doi.org/10.1021/ja01211a014

Lakowicz JR (2006) Principles of fluorescence spectroscopy. Springer, New York

McMurry HL (1941) The long wave-length spectra of aldehydes and ketones part II. Conjugated aldehydes and ketones. J Chem Phys 9(3):241–251. https://doi.org/10.1063/1.1750884

Moerner WE (2015) Single-molecule spectroscopy, imaging and photocontrol: foundations for super-resolution microscopy (nobel lecture). Angew Chem 54(28):8067–8093. https://doi.org/10.1002/anie.201501949

Mustroph H, Ernst S (2011) Das Franck-Condon Prinzip. Chem unserer Zeit 45:256–269. https://doi.org/10.1002/ciuz.201100547

Shimomura O (2009) Die Entdeckung des grün fluoreszierenden Proteins (GFP) (Nobel-Vortrag). Angew Chem 121(31):5698–5710. https://doi.org/10.1002/ange.200902240

Reichardt C, Welton T (2010) Solvents and solvent effects in organic chemistry. Wiley-VCH, Heidelberg

Reinhold J (2006) Quantentheorie der Moleküle. Teubner Verlag, Wiesbaden

Stephenson LM, Hammond GS (1969) Die Desaktivierung angeregter Zustände. Angew Chemie 81(8):279–289. https://doi.org/10.1002/ange.19690810803

Tsien RY (2009) Die Farbpalette der fluoreszierenden Proteine (Nobel-Vortrag). Angew Chem 121(31):5721–5736. https://doi.org/10.1002/ange.200901916

Valeur B (2002) molecular fluorescence principles and applications. Wiley-VCH, Weinheim

Wöhrle D, Tausch MW, Stohrer WD (1998) Photochemie: Konzepte, Methoden. Experimente, Wiley-VCH, Weinheim